东北黑土地保护与利用丛书

东北黑土地保护与利用报告

历史与现状

主　编　廖晓勇

副主编　王介勇　李　宇

科学出版社

北　京

内 容 简 介

本书是中国科学院"黑土粮仓"科技会战阶段性总结成果，是《东北黑土地白皮书（2020）》和《东北黑土地保护与利用报告（2021）》的集成。全书重点介绍了东北黑土地的形成与分布、地表赋存环境现状、区域气候与水热条件变化、开发利用历史过程与现状特征、作物种植与粮食生产、土壤退化状况等内容，分析了黑土地退化成因，提出了科学应对策略，总结了中国科学院"黑土粮仓"科技会战主要进展。

本书可作为黑土地保护与利用相关专业研究和教学的参考书与工具书，也可为公众更加科学系统地认知黑土地、了解黑土地保护关键技术与创新模式提供翔实的素材。

审图号：GS 京（2024）2307 号

图书在版编目（CIP）数据

东北黑土地保护与利用报告：历史与现状／廖晓勇主编；王介勇，李宇副主编 . -- 北京：科学出版社，2024. 11. --（东北黑土地保护与利用丛书）. -- ISBN 978-7-03-079694-3

Ⅰ. S157. 1

中国国家版本馆 CIP 数据核字第 2024LG8845 号

责任编辑：张 菊／责任校对：樊雅琼
责任印制：赵 博／封面设计：无极书装

科 学 出 版 社 出版

北京东黄城根北街 16 号
邮政编码：100717
http://www.sciencep.com

北京建宏印刷有限公司印刷
科学出版社发行 各地新华书店经销

*

2024 年 11 月第 一 版 开本：787×1092 1/16
2025 年 2 月第二次印刷 印张：9 1/2
字数：230 000

定价：128.00 元
（如有印装质量问题，我社负责调换）

《东北黑土地保护与利用报告：历史与现状》
编写组

主　编：廖晓勇

副 主 编：王介勇　李　宇

主要参编人员（按姓名笔画排序）：

于立忠	万小铭	马　强	王　亮	王介勇	王安志
毛德华	方海燕	邓祥征	田春杰	付晶莹	吕晓涛
朱会义	刘子辰	刘文新	刘正佳	刘晓冰	刘焕军
关义新	孙志刚	杨久春	杨林生	杨雅萍	李　尤
李　宇	李　静	李　鹤	李之超	李志慧	李秀军
李泽红	李淑珍	李富佳	李禄军	邱嘉丽	邹文秀
冷国勇	宋开山	宋显伟	张玉成	张旭东	张亦涛
张兴义	张丽莉	陈　欣	陈海华	武志杰	武海涛
郑　晓	侯瑞星	姚启星	贾小旭	徐新良	高江波
郭明明	黄迎新	崔明星	阎百兴	梁正伟	梁爱珍
隋跃宇	董金玮	韩　威	韩晓增	鲁彩艳	廖晓勇

前 言

黑土地是大自然赋予人类的宝贵资源。中国东北黑土地总面积 109 万 km^2，位列全球第三，其中典型黑土地耕地面积 1853.33 万 hm^2。东北黑土地地区是我国最重要的商品粮基地。目前，该区粮食产量和粮食调出量分别占全国总量的四分之一和三分之一。东北黑土地地区已成为我国粮食生产的"稳定器"和"压舱石"，为国家粮食安全提供了重要保障。

长期以来，我国政府高度重视东北黑土地保护与利用问题，特别是改革开放以来，通过科技创新、先进技术示范与推广及系列保护性政策的实施，东北黑土地保护和利用工作取得了显著成效。但因长期过度开发利用、气候变化等因素的影响，黑土地退化问题尚未得到根治。2020 年 12 月 28 日，习近平总书记在中央农村工作会议上指出，"要把黑土地保护作为一件大事来抓，把黑土地用好养好"。2021 年中央一号文件提出"实施国家黑土地保护工程，推广保护性耕作模式"。黑土地保护自此上升为国家战略。

科技创新是用好养好黑土地的根本途径。中国科学院作为国家战略科技力量，长期以来十分重视东北黑土地保护与利用问题。为贯彻落实习近平总书记"把黑土地用好养好"的指示精神，2021 年初，中国科学院启动"黑土粮仓"科技会战。科技会战面向国家粮食安全战略目标，针对东北黑土地保护与利用需要破解的关键科学技术难题，开展核心技术攻关和模式示范，致力于形成用好养好黑土地的系统解决方案。

为了让公众更加科学系统地认知黑土地，更加积极主动地投身黑土地保护行动，中国科学院决定在深入推进黑土地科技创新的同时，编制并发布东北黑土地系列白皮书，系统介绍黑土地利用现状与保护工作进展。本书基于 2021年发布的《东北黑土地白皮书（2020）》和 2022 年发布的《东北黑土地保护与利用报告（2021）》整理成稿，系统介绍了东北黑土地涵盖的主要土壤类型及其形成过程，总结了黑土地开发利用的历史进程，分析了东北黑土地现状特征及其自然本底状况，介绍了中国科学院"黑土粮仓"科技会战的阶段性进展与成效。

全书共分九章。书稿大纲及章节结构由廖晓勇拟定，第一章东北黑土地形成与分布由隋跃宇、李静、姚启星等主笔组稿，第二章黑土地开发历史过程由李宇、李泽红等主笔组稿，第三章黑土地地表赋存环境现状由李静、李宇、付晶莹、隋跃宇、朱会义等主笔组稿，第四章黑土地开发利用现状特征由李宇、隋跃宇、侯瑞星、刘子辰、刘焕军、李禄军等主笔组稿，第五章气候与水热条件变化由高江波、李宇、隋跃宇等主笔组稿，第六章作物种植与粮食生产由王介勇、董金玮、刘正佳、隋跃宇等主笔组稿，第七章黑土地土壤退化状况由侯瑞星、方海燕、贾小旭、张亦涛等主笔组稿，第八章黑土地保护与利用科学认知与技术创新由李宇、隋跃宇、王介勇主笔组稿，第九章"黑土粮仓"科技会战主要进展由李泽红、万小铭、邹文秀、梁爱珍、张丽莉、刘焕军、黄迎新、陈海华、田春杰、宋显伟、张玉成等主笔组稿。廖晓勇、王介勇、李宇完成统稿工作。于立忠、马强、王亮、王安志、毛得华、孙志刚、刘文新、李尤、李之超、李志慧、李淑珍、李富佳、杨久春、杨雅萍、陈欣、邱嘉丽、宋开山、郑晓、徐新良、郭明明、鲁彩艳、阎百兴、韩威等为书稿的完成提供了宝贵的数据、图件和资料。邓祥征、吕晓涛、刘晓冰、关义新、李秀军、杨林生、冷国勇、张旭东、张兴义、武志杰、武海涛、梁正伟、韩晓增等专家参与了研究大纲和过程报告的讨论，为书稿的形成提出了宝贵意见。全书编写得到了葛全胜、张佳宝、姜明等专家的悉心指导和"黑土粮仓"专项办崔明星、李鹤两位老师的大力支持。

本书出版得到中国科学院战略性先导科技专项（A 类）项目"黑土粮仓全域定制齐齐哈尔示范区"（项目编号：XDA28130000）资助。

本书涉及内容繁多，加之作者水平有限，疏漏之处在所难免，恳请读者批评、指正。

作 者

2023 年 9 月

目 录

第一章 东北黑土地形成与分布

第一节 黑土地形成过程

一、黑土地的概念

黑土地是指以黑色或暗黑色腐殖质表土层为优势地表组成物质的土地，是一种性状好、肥力高、适宜农耕的优质土地。其土壤成土母质主要为黄土状黏土、洪积物、冲积物、冰碛物及风积物等松散沉积物。黑土层的沉积经历了第四纪全新世的漫长过程，长达 1 万年。2022 年《中华人民共和国黑土地保护法》将黑土地定义为：黑龙江省、吉林省、辽宁省、内蒙古自治区的相关区域范围内具有黑色或者暗黑色腐殖质表土层，性状好、肥力高的耕地。全球黑土地集中分布的区域仅有四大块，占全球陆地面积不足 7%，分别为俄罗斯-乌克兰大平原（面积 190 万 km^2）、北美洲中南部（面积 290 万 km^2）、中国东北平原（面积 109 万 km^2）及南美洲潘帕斯（Pampas）草原（面积 76 万 km^2），集中分布在南北纬 40°~50°地理区域。

黑土是黑土地资源的主要特征。黑土是在温带半湿润季风气候、森林草甸或草原化草甸植被条件下，具有暗色松软表层、黏化淀积层及风化淀积层的土壤。自然土壤腐殖质含量为 50~80g/kg，耕种后土壤腐殖质含量为 20~40g/kg，向下呈舌状过渡，pH 为 6.5~7.0，全剖面无石灰反应，盐基饱和度>70%。黑土曾称退化黑钙土、变质黑钙土、淋溶黑钙土、灰化黑钙土、黑钙土型土、湿草原土和暗色草甸土等。1958 年中国第一次土壤普查采用民间称呼，改称黑土；1963 年中国土壤分类系统（草案）把黑土和黑钙土分为两个独立的土类。在美国《土壤系统分类》（1975）中，黑土归于软土纲的黏化冷凉软土、弱发育冷凉软土、黏化湿润软土和弱发育湿润软土等土类。1988 年联合国世界土壤图图例列出黑土（phaiozem）。黑土在美国、加拿大、俄罗斯、巴西、阿根廷分布面积较大。中国的黑土主要分布于黑龙江省、吉林省中部及东部的波状起伏台地、三江平原的森林草甸和草甸草原地区。

关于黑土的定义，最早是农民根据成土土壤的颜色和肥力辨别出来的，一般指的是土壤肥沃、黑色土层厚度超过一犁深的土壤，几乎包括了黑土、黑钙土、草甸土等"黑色"的土壤。在早期文献中，黑土被赋予各种不同的名称，如退化黑钙土、淋溶黑土和湿草原土等。世界土壤资源参比基础（World Reference Base for Soil Resources，WRB）认为，黑土是一个独立的土类，通常具有松软的表层，上部 125cm 土层内的盐基饱和度超过 50%，没有石灰聚积。美国《土壤系统分类》制定的土壤分类体系认为，松软土纲（Mollisols）包括了 WRB 的黑钙土（Chernozems）、栗钙土（Kastanozems）和黑土（Phaeozems）；潘帕斯草原的土壤富含有机质，没有钙积累，有一定的红化现象，因此采用了黑土这个名称。我国的土壤研究者早期根据民间称呼将黑色的土壤称为"黑土"。1954 年版的《中国土壤分类暂行草案》将黑土分为黑钙土和栗钙土。1963 年，有学者将黑土从黑钙土中分离出来，成为独立的土类，并划分为典型黑土、草甸黑土、白浆化黑土和表潜黑土四个亚类，同时将黑钙土分为典型黑钙土、碳酸盐黑钙土、淋溶黑钙土和草甸黑钙土四个亚类。1978 年，我国的土壤分类将黑土列入半水成土纲的黑土土类。1988 年，全国第二次土壤普查分类将黑土归为均腐土土纲的黑土土类。1991 年的《中国土壤系统分类》中，黑土属于均腐土土纲，湿润均腐土亚纲。从性状来看，广义的黑土包括了所有适宜农耕的土壤，主要包括黑土、黑钙土、草甸土、白浆土、暗棕壤和棕壤等。狭义的黑土指在温带半湿润气候的草原或草甸植被条件下形成的黑色或暗黑色均腐质土壤。

二、黑土的特征

根据已有资料进行归纳总结，黑土具有以下特征（表 1-1）。

表 1-1　黑土的基本特征和诊断特征

特征类型	基本特征	诊断特征	文献来源	作者
机械组成	基本土壤质地为壤土至黏壤土，包括粗粉砂和黏粒	土壤质地疏松，多孔，土壤结构较好	《中国东北黑土》	魏丹和孟凯
	黏粒含量在不同母质下有所差异	腐殖质层深厚，一般为 30 ~ 70cm	《中国东北黑土》	魏丹和孟凯
	容重范围为 1.0 ~ 1.4g/cm³	无石灰反应，无石灰淀积层	《中国东北黑土》	魏丹和孟凯
	总孔隙度为 40% ~ 60%，毛管孔隙度占比较大	含黑色铁锰结核、SiO_2 粉末等新生体	《黑土形成与演化研究现状》	张新荣和焦洁钰
矿物组成	主要次生矿物包括蒙脱石、伊利石、少量绿泥石等	矿物组分主要包括伊利石、蛭石、高岭石等	《黑土形成与演化研究现状》	张新荣和焦洁钰
有机质含量	有机质含量丰富，自然土壤为 50 ~ 100g/kg	有机质含量为 20 ~ 40g/kg（耕地）	《中国东北黑土》	魏丹和孟凯
	以胡敏酸为主，H/F 值通常大于 1	腐殖质以胡敏酸和胡敏素为主	《黑土形成与演化研究现状》	张新荣和焦洁钰
反应性	微酸性至中性，pH 为 6.5 ~ 7.0	剖面内通常无石灰反应，土壤无石灰积层	《中国东北黑土》	魏丹和孟凯
化学组成	化学组成相对均匀，硅铝铁率为 2.6 ~ 2.8	盐基饱和度一般大于 70%	《中国东北黑土》	魏丹和孟凯
	钙、镁离子占主导地位	水浸液 pH 为 5.5 ~ 6.5	《黑土形成与演化研究现状》	张新荣和焦洁钰
	淀积层中铁氧化物有增加趋势		《中国东北黑土》	魏丹和孟凯
养分含量	全氮为 1.5 ~ 2.0g/kg，全磷为 1g/kg 左右，全钾≥13g/kg	水解氮和有效磷变化范围较大	《中国东北黑土》	魏丹和孟凯
		土壤 pH 为 5.8 ~ 6.2	《中国东北黑土地研究进展与展望》	韩晓增和李娜
黑土层厚度	未开垦前，自然黑土的厚度为 20 ~ 50cm	不同地区的厚度存在差异	《中国东北黑土地研究进展与展望》	韩晓增和李娜

1. 基本特征

（1）机械组成均一：黑土的机械组成相对均一，主要由壤土至黏壤土组成。它包含大量粗粉砂和黏粒，占比为 30% ~ 40%。上层土质较轻，下层土质较重，表现出黏粒的淋溶淀积现象。机械组成受母质类型的影响，如果母质为黄土状物质，则以粉砂和黏粒为主；如果母质为红黏土，则黏粒含量明显增多。

（2）结构性良好：黑土具有良好的结构性，在自然状态下呈团粒状结构，水稳性团粒占比可达 50% 以上。然而，随着耕种时间的增长，团粒结构占比逐渐减小，特别是表土层。

（3）容重范围：黑土的容重范围在 $1.0 \sim 1.4 g/cm^3$。随着团粒结构被破坏，容重明显增高。总孔隙度为 40% ~ 60%，毛管孔隙度占较大比例，为 20% ~ 40%，同时通气孔隙度占 20% 左右。这使黑土具有较好的透水性、持水性和通气性。

（4）矿物组成：黑土的矿物组成以蒙脱石和伊利石为主，还含有少量绿泥石、赤铁矿、褐铁矿等次生黏土矿物，比例有所差异。

（5）有机质含量：黑土的有机质含量相当丰富，自然土壤的有机质含量为 50 ~ 100g/kg。然而，在耕地中，这一数值明显下降，通常为 20 ~ 40g/kg。黑土腐殖质的组成以胡敏酸为主，胡敏酸和富里酸的比值（H/F）通常大于 1，胡敏酸钙结合态比例较大，一般可占 30% ~ 40%。

（6）反应性：黑土呈微酸性至中性，pH 为 6.5 ~ 7.0，剖面内无明显分异。土层没有石灰反应，而且具有较高的阳离子交换量，通常在 35 ~ 45cmol/kg，以钙离子和镁离子为主，盐基饱和度为 80% ~ 90%。

（7）化学组成：黑土的化学组成较为均匀，硅铝铁率为 2.6 ~ 2.8，铁氧化物在剖面内略有分异，淀积层中铁氧化物呈增加趋势。

（8）养分含量：黑土富含养分，表层含有全氮（1.5 ~ 2.0g/kg）、全磷（1g/kg 左右）、全钾（≥13g/kg）。

2. 诊断特征

（1）深厚的暗色腐殖质层：黑土的主要诊断特征之一是具有深厚的暗色腐殖质层，逐渐过渡至下层，有机质含量一般为 20 ~ 40g/kg（耕地），组成以胡敏酸为主。

（2）无石灰反应：黑土剖面内通常没有石灰反应，土层中也缺乏钙积层。

（3）高盐基交换量：黑土具有高盐基交换量，多大于 70%。

（4）化学分异不显著：黑土剖面内的化学分异不明显，具有较为均匀的化学组成。

3. 土质特征

（1）疏松多孔：黑土呈疏松多孔的土质，这种疏松性使其有利于植物根系生长，并容易被田鼠挖掘，有时甚至能够深入到黄土层中。

（2）土壤结构：黑土具有良好的土壤结构，其腐殖质层呈粒状乃至团粒状结构，厚度一般在 30～70cm。这有助于水分保持和根系生长。

（3）腐殖质成分：腐殖质主要包括胡敏酸和胡敏素。胡敏酸的相对体积质量与土壤质量呈正相关，这表明腐殖质的质量在黑土中是一个关键特征。

（4）矿物组成：主要矿物成分包括伊利石、蛭石、高岭石和绿泥石等。这些矿物在成土过程中会相互转化，如伊利石可能转化为高岭石、蒙脱石可能转化为蛭石或高岭石。这些矿物的存在影响了土壤的物理性质和化学性质。

4. 物理性质

（1）质地和颜色：黑土通常呈暗灰色，质地黏重，相对体积质量一般在 2.5～2.6g/cm³。这一特征与土壤的颜色和质地有关，反映其有机质和矿物质的含量。

（2）容重和孔隙度：表层容重为 1.0～1.4g/cm³，略低；总孔隙度在 50% 左右，具有较大的持水能力，但通透性较差。这意味着黑土能够保持水分，但排水不够良好。

（3）机械组成：机械组成相对均匀，主要由粗粉砂和黏粒组成，占比为 30%～40%。团聚体的总量较高，但开垦后，水稳性团粒通常会减少，特别是表土层。这说明黑土的机械性质在不同土层之间存在差异。

5. 化学性质

（1）盐基饱和度：盐基饱和度一般为 80%～90%，变异较小。这表明黑土具有较高的饱和度，其中以钙离子和镁离子为主，这对于植物的养分吸收非常重要。

（2）腐殖质含量：腐殖质通常占比 3%～6%，随着深度的增加而逐渐减少。这表明土壤剖面中腐殖质的分布存在差异，这可能会影响不同深度土层的养分供应。

（3）水浸液 pH：水浸液 pH 为 5.5～6.5，表土层可能较高，具有较强的交换能力，通常以钙离子和镁离子等阳离子为主。这一特性使黑土具有适宜的酸碱性和离子交换能力，支持了植物生长。

综上所述，黑土是一种土质疏松、结构良好、腐殖质深厚、具有特定矿物成分的土壤类型。其物理性质包括较高的孔隙度和相对较大的持水能力，但通透性较差；化学性质方面表现为高盐基饱和度和相对丰富的有机质含量，具有较强的离子交换能力。这些特性使其在农业和生态系统中发挥了重要作用，支持了植被生长和农业生产。

三、成土条件

黑土的形成主要受气候、地形地貌、植被、成土母质和水文五大自然因素的控制，同时人类活动也对其产生一定的影响。

气候：黑土的形成与寒冷干燥的气候条件密切相关。这种气候条件下植被生长缓慢，有机质的分解速度较慢，有利于有机质积累。气候对黑土的形成有重要影响，主要体现在物质的转化、迁移、聚集，以及土壤层次分化和剖面的发育方面。中国东北地区的黑土区气候湿润，年降水量在 500～600mm，集中在 4～9 月。密西西比河流域东南部处于海洋气团和极地大陆气团交替控制的地带，年均降水量通常在 1000mm 以上，夏季多雨而温暖，冬季温和但降水较少；其他地区则受大陆气团控制，年温差大，年均降水量一般在 800mm 以下。这些气候条件为黑土的形成提供了保障。

地形地貌：低海拔、地势较平坦的地区有利于黑土集中发育。密西西比河流域和乌克兰平原都位于广阔的大平原地带，而潘帕斯草原地势逐渐向近海缓倾。中国东北地区被低中山环绕。这些地形特点为水分的储备提供了天然条件。此外，不同坡向接受阳光时间、冻融时间和土壤侵蚀程度不同，直接影响黑土的形成和肥力状态。

植被：适宜的植被条件是黑土形成的关键因素。适宜的植被类型可以促进土壤有机质的积累和土壤结构的形成。适宜的植被覆盖率可以减少土壤侵蚀和水分蒸发，有利于土壤有机质的积累和土壤结构的形成。乌克兰平原主要是多年生、耐寒、耐旱的草类植被。中国东北地区的自然植被以杂草为主，生长茂盛，种类多样。密西西比河流域主要是短草和灌丛草原，而潘帕斯草原东部以草地或灌木草原为主。杂类草群落每年提供大量有机物进入土壤，为微生物提供能量和营养，在低温高湿条件下，通过微生物的活动转化为土壤腐殖质，有助于腐殖质的形成。

成土母质：土壤母质决定和影响土壤的物理性质，如质地、结构、孔隙度和透水性等。中国东北地区的黑土成土母质主要是砂砾和黄土状黏土，其中以更新统砂砾和黏土分布最广，且具有一定的黄土特征。乌克兰平原的黑土成土母质与中国东北地区相似，黏土含量不利于土壤的水分渗透，但有利于土壤的理化特性，有助于黑土结构的形成。密西西比河流域的黑土主要来源于埋藏的冲积物、洪积物、冰水堆积物和黄土状土，而潘帕斯草原的黑土大多是由含砂的黄土状土演化而来，其成土母质对水分的储存有一定的影响。

水文：水文方面主要表现为其受大气降水的影响显著。黑土区域通常位于降水较为丰富的地区，这些降水通过地表渗透为土壤提供充足的水分，形成地表湿润淋溶的环境。在这种环境中，水分能够在土壤内部进行有效的循环和转化，为土壤中有机质的分解和矿物质的淋溶提供了有利条件。因此，水文条件是黑土形成和维持其肥沃特性的关键因素之一。

四、成土过程

黑土剖面通常由黑土层、淤积层和母质层组成。黑土层具有高含量的腐殖质，深厚的土层，良好的颗粒状和团状结构，大量的离子交换，高盐基饱和度，丰富的植物营养元素，以及可见的铁锰结核、锈斑和硅粉末等淀积物。淤积层则通常包括淋溶层和淀积层，厚度为 50～100cm，颜色不均匀，土体较为紧实，包括斑状或粉末状的铁、锰和硅的淀积物。母质层通常为黄土状的堆积物。

黑土的成土过程独具特点，主要分为以下几个阶段。

（1）植被演替阶段。在寒冷干燥的气候条件下，适宜的植被类型开始生长。这些植被的根系和残体逐渐积累在土壤中，为后续有机质积累奠定基础。

（2）有机质积累阶段。随着时间的推移，植被的残体和根系在土壤中逐渐分解，形成有机质的积累。这些有机质富含碳、氮、磷等养分，为土壤提供了丰富的养分来源。

（3）矿物质转化阶段。有机质分解产生的营养物质被微生物和土壤动物吸收与转化，形成了丰富的矿物质供给。这些矿物质包括钙、镁、铁、锰等，对土壤的结构和养分供应起着重要作用。

（4）土壤结构形成阶段。有机质和矿物质的相互作用促进了土壤颗粒的结合，形成了稳定的土壤结构。这种土壤结构具有良好的透水性和保水性，有利于植物的生长和根系的发育。

（5）黑色形成阶段。随着有机质的积累和矿物质的转化，土壤中的铁和锰氧化物含量增加，使土壤呈现出黑色，而黑色是黑土的显著特征之一。

第二节　全球黑土地分布

一、全球黑土地分布概述

黑土地是指以黑色或暗黑色腐殖质表土层为优势地表组成物质的土地，是一种性状好、肥力高、适宜农耕的优质土地。其土壤成土母质主要为黄土状黏土、洪积物、冲积物、冰碛物及风积物等松散沉积物。黑土层的发育经历了第四纪全新世以来长达万年的漫长过程，是十分宝贵的资源。大面积分布有黑土地的区域被称为黑土区。全球范围内，黑土地以其独特性质在各大洲形成了广泛的分布格局，被归纳为四大主要黑土区，包括北美洲中南部、俄罗斯-乌克兰大平原、中国东北平原以及南美洲潘帕斯草原黑土区。这些黑土区的总面积占全球陆地面积不足7%，呈现出地域集中而分散的特点。四大黑土区中，北美洲中南部黑土区面积最大，南美洲潘帕斯草原黑土区面积最小，中国东北平原黑土区面积排在第三（图1-1）。总体而言，四大黑土区都是重要的粮食生产基地，其自然地理环境条件在全球范围内独具特色。世界土壤分类标准将全球黑土区划分为三大典型黑土区和一块红化黑土区，分别位于俄罗斯-乌克兰大平原、北美洲中南部、中国东北平原以及南美洲潘帕斯草原。这些区域在土壤特性上有所不同，但在粮食生产中都扮演着举足轻重的角色。

从分布特征来看，全球的黑土区呈现出显著的分布特征，主要聚集在中纬度地带。尽管这些地区在地理位置上相近，但由于地形和气候的多样性，它们展现出各具特色的土壤类型、植被覆盖和土地利用特征。例如，北美洲中南部的黑土区广泛分布在24°N～50°N，主要集中在密西西比河流域形成南北带状分布，拥有广袤的土地，其土壤类型和植被分布因地形差异而呈现多样性。俄罗斯-乌克兰大平原的黑土区位于44°N～51°N，包括高地平原、低地平原和近海平原，划分为淋溶黑钙土、灰化黑钙土、典型黑钙土、普通黑钙土和南方黑

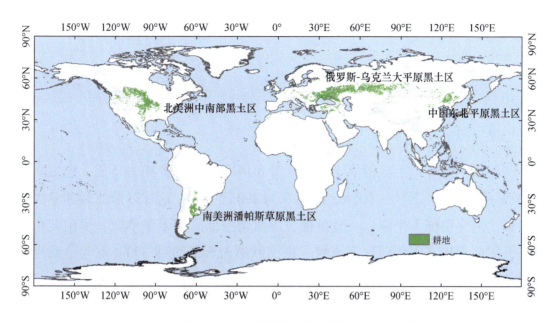

图 1-1 当前全球四大典型黑土区耕地面积占比与空间分布

钙土五个亚类，不同亚类的土壤在气候和地形地貌的影响下形成独特的特征。南美洲潘帕斯草原的黑土区分布在32°S～38°S，相对面积较小，但其东西部存在显著的气候和土壤差异。中国东北地区，如黑龙江、吉林、辽宁等地，属于温带大陆性季风气候，冬季受西伯利亚冬季风影响，夏季则受海洋夏季风调节，土壤类型包括淋溶黑土、灰化黑土、典型黑土、普通黑土和南方黑土五个亚类，反映了其多元的土壤特征。

黑土地对全球粮食生产和农业发展具有重要影响。黑土地是全球农业领域的珍贵资源，其丰富的营养成分和出色的保水能力使其成为农作物生长的理想基质，为农业提供了强大的生产潜力。全球许多粮食生产的重要区域都依赖于黑土地，它们成为确保食品安全和农业可持续性的关键要素。黑土地的特殊性质赋予了它在全球农业系统中的独特地位，其深厚的有机质和丰富的矿物质含量为作物提供了必要的养分，有助于培育高产、优质的农产品。在黑土地的显著特性中，其卓越的水分保持能力对应对气候变化、减轻干旱和提高灌溉效率至关重要，进而增强了全球农业的抗逆性。随着全球人口的增长和食品需求的不断增加，黑土地的保护和合理利用要求愈加迫切。应通过采用科学的农业实践和可持续的土地管理策略，最大限度地发挥黑土地的潜力，确保其在全球粮食安全和农业可持续性中发挥不可替代的作用。因此，对黑土地的深刻理解和有效保护将对全球粮食生产和农业发展产生深远而积极的影响。

二、北美洲中南部黑土区

（一）北美洲中南部黑土区黑土类型与分布

北美洲中南部黑土区的黑土类型与分布展现出丰富多样的特征，该地区位于 90°W～130°W、24°N～50°N，总面积为 290 万 km²。这片区域北起加拿大草原诸省，贯穿美国大平原，一直延伸至墨西哥东部的半干旱草原，呈南北带状分布，主要集中在密西西比河流域。根据欧洲航天局全球 300m 空间分辨率陆地覆盖产品 CCI-LC 的数据，全球四大典型黑土区内的耕地总面积高达 1.767 亿 hm²，其中北美洲中南部黑土区耕地面积占总面积的 50%。这表明北美洲中南部黑土区在全球黑土分布中占据显著地位。

该区域的土壤类型包括湿草原土、红色湿草原土和黑钙土，呈现出南北带状分布。这一地区经历着明显的温带季节变化，水资源充足，植被茂盛。土壤富含有机质和养分，特别是氮、磷和钾，为农业提供了良好的土壤基础。密西西比河流域的土壤分布受到多种因素的影响，包括气候、成土母质、水文、植被和人类活动等。在这些因素的共同作用下，该区域主要分布有 23 种土壤类型，包括栗钙土、高活性淋溶土、黑土、弱活性强酸土、雏形土等。其中，栗钙土是最常见的，占全流域的 37%；其次是高活性淋溶土，占 27%。总体而言，北美洲中南部黑土区的黑土类型与分布呈现出复杂而丰富的格局，其在全球黑土资源中的重要性不可忽视。通过深入分析不同区域的土壤特征，可以为农业生产提供科学依据，为土地资源的合理利用提供有力支持。

（二）北美洲中南部黑土开发利用现状与问题

1. 黑土区耕地变化

1992～2019 年，北美洲中南部黑土区的耕地面积总体呈现出不显著的增加趋势，年均增长 4000hm²。以 2001 年为拐点，耕地面积总体呈现先增后减的变化过程（图 1-2）。耕地面积从 1992 年的 8.87×10⁷hm² 增至 2001 年的 8.94×10⁷hm²，之后又减少至 2019 年的 8.90×10⁷hm²（图 1-2）。北美洲中南部黑土区的耕地面积占全球黑土区总耕地面积的 50%，主要分布在美国中部的密西西比平原（图 1-3）。在过去 30 年里，新开垦的耕地面积约为 $2.35 \times 10^6 \, hm^2$，几乎全部来自密西西比平原西部的草地和林地。同时，部分耕地转出用于林地、草地和城市用地，这主要发生在美国密西西比平原南部（图 1-3）。值得注意的是，北美洲中南部黑土区相较于其他黑土区，其耕地撂荒现象相对较少。

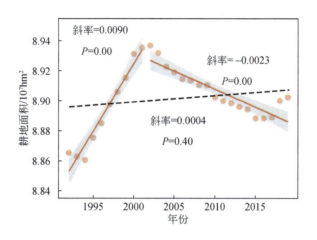

图 1-2　1992～2019 年北美洲中南部黑土区耕地面积变化趋势

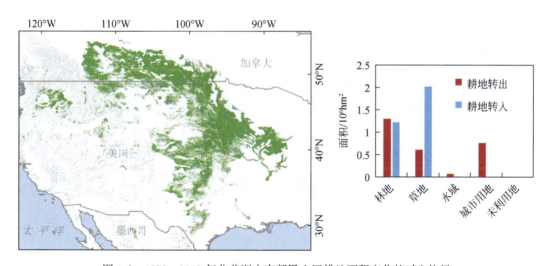

图 1-3　1992～2019 年北美洲中南部黑土区耕地面积变化的时空格局

2. 有机质变化

美国在西部拓荒时期进行的掠夺式开垦导致了严重的土壤侵蚀，引发了著名的"黑风暴"事件。据美国自然资源保护委员会的调查，3500 万英亩①的耕地在"黑风暴"中完全被毁，而 12 500 万英亩的土地失去了表层土壤。从 20 世纪中期开始，美国开始重视对黑土的保护，提倡免耕与休耕轮作，采取在农田生态系统中种植多年生牧草或深根植物，增加作物多样性，并施用农家肥等措施。这一系列措施不仅实现了黑土地的持续增产，还提升了耕地有机质含量及其质量。

然而，农业耕作带来的侵蚀仍然是北美洲中南部黑土表层土壤流失的重要原因。黑土区表层土壤富含有机质，其中 30% 的有机质分布在 0~20cm 的土壤层，而 80% 的有机质分布在 1m 以上的土壤层。近期，美国马萨诸塞大学阿默斯特分校基于卫星遥感和激光雷达数据，对北美洲中南部 $3.9 \times 10^5 \mathrm{km}^2$ 的玉米带进行了调查。结果显示，大约 35% 的种植区域失去了表土层，主要分布在山顶和山脊。这种表层土壤的流失直接导致了北美洲中南部黑土区玉米和大豆产量的下降，同时导致中西部农民每年经济损失近 30 亿美元。

（三）北美洲中南部黑土地的重要性

北美洲中南部黑土区，尤其是美国中部的黑土区，在全球粮食供应和农业生产中扮演着至关重要的角色。这一地区以其肥沃的土壤和较高的农业产量而闻名，在美国和全球粮食供应中起到了支柱作用。这片黑土区域以种植小麦、玉米和大豆而著称。其在美国农业中占据关键地位，也在全球范围内发挥着重要作用。在美国历史上，这里曾是各类作物的理想生长地，而土壤形成的缓慢过程更是为这片区域的土地赋予了特殊的价值，需要 100 年才能形成 1~2cm 的土壤层。

美国的黑土不仅在农业领域占有重要地位，同时在维护生态平衡、水资源管理和经济发展方面也发挥着关键作用。这里的土壤特征使其在美国土地利用中独具特色。首先，作为美国农业的支柱，黑土为大规模粮食和作物生产提供了理想的条件，为小麦、玉米、大豆等主要农产品的种植做出了巨大贡献。这直接影响了美国和全球的粮食供应。其次，黑土区的土壤肥力和高有机质含量促进了丰富多样的生态系统的形成。这些土壤支持着各种野生植物和野生动物

---

① 1 英亩 $\approx 0.404\,856\mathrm{hm}^2$。

种群，维护着生态平衡。黑土地不仅是农业的发源地，也是自然生态系统的重要组成部分。此外，黑土的水保持能力有助于减少水资源浪费和土壤侵蚀，从而对水资源管理起到积极作用。这有助于维护地下水位和保护水质，为可持续农业和生态环境创造有利条件。最后，黑土区的农业产值对美国经济至关重要。它不仅为农业生产提供支撑，还为食品加工和出口贸易创造大量就业机会，对整体经济增长做出显著贡献。因此，北美洲中南部的黑土地在多个层面都展现出了其不可替代的重要性，不仅为农业提供了宝贵的资源，同时也在维持生态平衡和推动经济发展方面发挥了关键作用。

三、俄罗斯-乌克兰大平原黑土区

（一）俄罗斯-乌克兰大平原黑土区黑土类型与分布

俄罗斯-乌克兰大平原黑土区位于 24°E ~ 40°E、44°N ~ 51°N，总面积达190 万 km² （图 1-4）。该区域覆盖俄罗斯西南部、乌克兰中南部和罗马尼亚东南部，是一个重要的黑土带（图 1-4）。这片土地主要发育在高地平原、低地

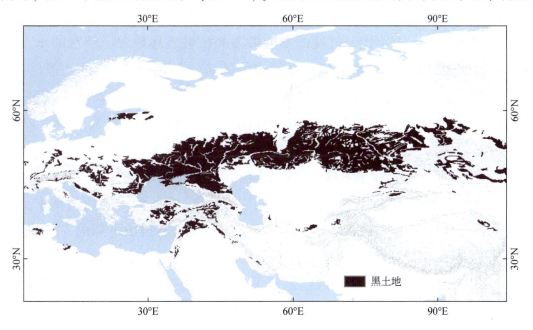

图 1-4　俄罗斯-乌克兰大平原黑土区

平原和近海平原上，土壤类型包括淋溶黑钙土、灰化黑钙土、典型黑钙土、普通黑钙土和南方黑钙土五个亚类。在俄罗斯境内，黑土地分布一直延伸至叶尼塞河流域东部，而在乌克兰境内，黑土地占据国土面积的三分之二以上。该区域为温带大陆性气候，年降水量由东南向西北递增。

在这片广袤的土地上，不同亚类的黑土表现出多样性。由北到南，黑土颗粒逐渐变细，地表植被类型也呈现差异。淋溶黑钙土主要出现在无森林特征的草甸草原上，其腐殖质层厚度可达 100cm 以上。灰化黑钙土主要分布在大量阔叶林覆盖的森林草原，而典型黑钙土主要分布在森林草原，腐殖质层厚度为 80~100cm，与淋溶黑钙土一样，在周期性淋溶条件下形成。普通黑钙土则主要分布在以草原为主的地区，其腐殖质层厚度为 50~80cm。南方黑钙土主要分布在草原为主的地区，其腐殖质层厚度仅为 40~60cm。这片土地的重要性不仅体现在其广泛的分布和丰富的多样性上，还体现在其对当地生态系统和农业发展的影响上。

（二）俄罗斯–乌克兰大平原黑土区黑土开发利用现状与问题

1. 水土流失问题

俄罗斯–乌克兰大平原黑土区地形平坦，坡度较小，因此土壤侵蚀以风蚀为主。20 世纪二三十年代，过度的草场毁损和植被破坏导致了严重的水土流失问题。这一时期发生了极具破坏性的"黑风暴"，其中 1928 年的"黑风暴"几乎席卷了整个地区，导致土层损失 2~5cm，最严重的达到 20cm。开垦后，该地区的平均土壤侵蚀强度为 4.8~6.0t/（hm^2·a），而风蚀强度高达 55~126t/（hm^2·a）。

2. 土壤有机质与养分元素衰减

在俄罗斯 2.21 亿 hm^2 的农业用地中，有 60%~70% 的土壤为黑钙土。不适当的土地利用变化和管理方式以及土壤侵蚀是黑土有机质下降的主要原因。根据数据统计，自然状态下的黑土开垦为耕地后，土壤有机碳降低了 20%~50%。研究表明，乌克兰黑土区已经流失了 30% 的有机质，大约有三分之一的黑土耕地受到降雨和风侵蚀，导致了土壤质量的下降。在俄罗斯，遭受轻度、中度和严重侵蚀的黑土有机质含量分别下降了 15%、25% 和 40%。同时，观察到俄罗斯黑土中有效养分的不断流失，氮元素亏缺量从 2001 年的

41.4km/hm² 增至 2009 年的 56.4km/hm²，钾元素亏缺量则从 2001 年的 32.9km/hm² 增至 2009 年的 64.2km/hm²。研究还表明，乌克兰黑土中的养分含量也在明显减少。

在经过 120 年的传统农耕后，乌克兰黑土区的土壤有机质急剧退化，流失达到了 19% ~ 22%。在经历了 76 年的耕种后，森林-草原黑土的有机质含量从原始未开垦土地的 10.1% 降至 6.2%。1956 年以后撂荒地的黑土有机质含量为 8.6%（图 1-5），而森林防护带的黑土有机质含量为 9.3%，更接近于原始未开垦黑土有机质的含量。乌克兰黑土的总氮、总磷和总钾含量与中国东北黑土相当，分别为全氮 0.11% ~ 0.30%、全磷 0.03% ~ 0.17%、全钾 1.90% ~ 2.60%。

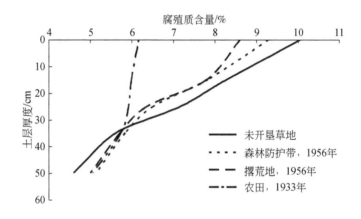

图 1-5　乌克兰森林-草原生态系统下黑土有机质含量

3. 土壤结构改变与蓄水能力

在俄罗斯的 Kamennaya Steppe 地区，自然状态下的黑钙土直径 0.25mm 团聚体含量为 72% ~ 86%，土壤容重为 0.93 ~ 0.95g/cm³，总孔隙度为 60% ~ 65%，土壤导水率为 180 ~ 312mm/h，田间持水量为 34% ~ 38%。然而，在农田中，经历了 1964 ~ 1971 年的小型农机时期，直径 0.25mm 团聚体含量减少至 40% ~ 60%，土壤容重增加至 1.05 ~ 1.20g/cm³，总孔隙度降至 55% ~ 60%，土壤导水率降至 60 ~ 180mm/h，田间持水量降至 28% ~ 32%。在 1983 ~ 1991 年的大型农机时期（气候干旱），土壤容重增加至 1.25 ~ 1.28g/cm³，团聚体孔隙度从 1964 年的 43% 减小至 1983 年的 40%；而到了 1992 ~ 2002 年（气候湿润），化肥和有机肥投入减少，土壤容重为 1.20 ~ 1.25g/cm³（图 1-6）（Kuznetsova，2013）。不同动力机械作业对黑钙土的不利影响包括土壤容重由

$1.05 \mathrm{g/cm^3}$ 增加到 $1.29 \sim 1.32 \mathrm{g/cm^3}$，总孔隙度由 63% 下降到 48% ~ 50%，团聚体内部孔隙度由 39% 下降到 21% ~ 24%，团聚体孔隙度由 39% 下降到 32% ~ 37%。使用小型机械（DT-75 和 MTZ-82）耕种两季冬小麦时，产量减少了 9% ~ 10%，耕种四季以上冬小麦，减产了 15% ~ 17%；而使用大型机械（K-701）时，两季和四季以上冬小麦分别减产了 22% 和 25%。随着开垦时间的延长，黑钙土开垦 21 年、61 年和 121 年后，$0 \sim 10 \mathrm{cm}$ 土层中直径 $0.001 \mathrm{mm}$ 的黏粒含量分别为 34%、38% 和 40%，土壤结构系数分别为 19、11 和 6，而自然土壤结构系数是 199。

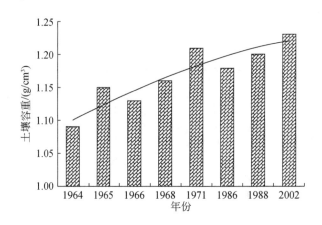

图 1-6　1964 ~ 2002 年典型黑钙土和淋溶黑钙土 $0 \sim 30 \mathrm{cm}$ 耕作层土壤容重变化

4. 生态服务功能

作为欧洲的重要粮食生产区，乌克兰黑土区以其广泛的耕地和草地类型而闻名。受到农业活动和全球气候变暖的影响，该区域的生态功能表现出相对缓慢的退化趋势。由于该地区人口相对稀少，变化趋势并不明显。然而，受气候变化的影响，土壤保持、防风固沙、水源涵养、生态系统固碳以及栖息地供给等生态服务功能有所下降。

5. 总体土壤质量和耕地质量情况

总体来说，乌克兰和俄罗斯的黑钙土面临多方面的威胁，包括水蚀和风蚀、土壤有机碳损失、土壤紧实和板结、灌溉地区的土壤盐碱化、由重金属导致的土壤污染、核废弃物、农业化学物品及动物废弃物的影响（Pozniak，2019）。

俄罗斯-乌克兰大平原是世界四大黑土分布区之一，其黑土地面积约为 190 万 $\mathrm{km^2}$，享有"欧洲粮仓"的美誉。乌克兰三分之二以上的土地为黑土地，是全球黑土面积较大的国家之一，黑土地面积达到 2780 万 hm²，占世界黑土总面积的 8.7%。近年来，乌克兰黑土区的土壤侵蚀问题日益严重，导致黑土地的质量急剧下降。与 130 年前 Dokuchaev 的研究时期相比，当前乌克兰表土层黑土的腐殖质年平均流失量为 21% ~ 40%，即 0.5 ~ 0.9t/hm²。

俄罗斯黑土分布在 50°N ~ 54°N 范围内，灰化、淋溶及典型的黑钙土覆盖面积为 4500 万 hm²，草甸黑钙土覆盖面积为 1350 万 hm²。黑土总面积占俄罗斯耕地的 52.6%，其中约 72% 的土壤已被耕种。黑土上种植的主要粮食作物包括小麦、大麦、玉米和水稻，主要的经济作物有亚麻、向日葵和甜菜。黑土易受水分侵蚀和除湿作用的影响，并因人为酸化而失去可交换性钙。经过 54 年的耕作，黑土腐殖质含量下降，容重增加，而在 10 年的农肥和矿质肥料施用后，黑土腐殖质含量增加了 0.3% ~ 0.6%。

6. 粮食种植/产量情况

在种植面积方面，2000 年以来，乌克兰的粮食种植面积基本保持在 1400 万 hm² 左右；而俄罗斯的粮食种植面积从 2000 年的 4114 万 hm² 减少到 2010 年的 3235 万 hm²，然后在 2019 年增加至 4341 万 hm²。与中国东北地区相比，2019 年乌克兰的粮食种植面积为中国东北地区的 52%，而俄罗斯的粮食种植面积为中国东北地区的 152%（图 1-7）。

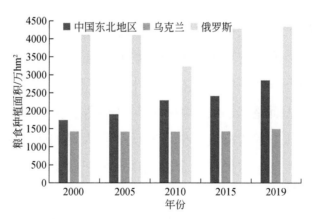

图 1-7 2000 ~ 2019 年中国东北地区、乌克兰与俄罗斯粮食种植面积变化

注：数据来自国家统计局、内蒙古自治区统计局、联合国粮食及农业组织。中国东北地区包括黑龙江省、吉林省、辽宁省、内蒙古自治区东四盟（赤峰市、通辽市、呼伦贝尔市、兴安盟）

从粮食产量来看，2000 年以来乌克兰的粮食产量不断上升，从 2000 年的

2381 万 t 增长到 2019 年的 7444 万 t；俄罗斯粮食产量呈波动上升趋势，从 2000 年的 6424 万 t 增长到 2019 年的 11 787 万 t。对比中国东北地区，2019 年乌克兰粮食产量为中国东北地区的 45%，俄罗斯粮食产量为中国东北地区的 71%（图 1-8）。

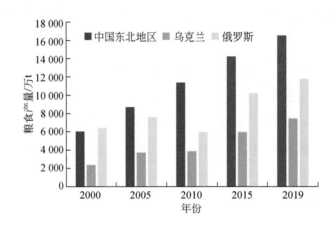

图 1-8 2000～2019 年中国东北地区、乌克兰与俄罗斯粮食产量变化

注：数据来自国家统计局、内蒙古自治区统计局、联合国粮食及农业组织。中国东北地区包括黑龙江省、
吉林省、辽宁省、内蒙古自治区东四盟

（三）俄罗斯–乌克兰大平原黑土区黑土地的重要性

黑土地作为俄罗斯–乌克兰大平原的独特资源，在农业和环境领域具有不可替代的重要性。该地区的黑土含有丰富的有机质和养分，为作物提供了理想的生长环境。这种土壤的独特之处在于其中存在深厚的深层根系，有助于植物吸收水分和养分，从而提高了农作物的产量。此外，黑土地在环境保护方面也扮演着重要角色。其丰富的有机质能够有效固定大量的碳，有助于减缓气候变化的影响。同时，黑土地的保持和合理利用有助于防治土壤侵蚀、维护生态平衡、保护植物和动物的多样性。

然而，黑土地目前正面临着严重的威胁，包括过度开垦、不合理的农业实践和气候变化等。这些因素可能导致黑土地退化，从而影响农业生产和生态系统的平衡。总的来说，俄罗斯–乌克兰大平原黑土区的黑土地对粮食安全、生态平衡和气候变化都有重要影响，保护和可持续利用黑土地成为当务之急，需要综合运用先进的农业技术和科学手段，制定科学的土地管理政策，以确保黑土地的长期稳定和可持续利用。

四、南美洲黑土区

（一）南美洲黑土区黑土类型与分布

南美洲黑土区占据 $57°W \sim 66°W$ 和 $32°S \sim 38°S$ 之间的广阔地域，涵盖 76 万 km^2，横跨阿根廷至乌拉圭的潘帕斯草原，东至大西洋西岸，西至安第斯山麓，北至大查科平原，南至巴塔哥尼亚高原。该地区的土壤类型表现出东西差异，东部为湿软土（Udolls），而西部为半干润软土（Ustolls）。通过对欧洲航天局全球 300m 空间分辨率陆地覆盖产品 CCI-LC 的研究，发现全球四大典型黑土区内的耕地总面积达到惊人的 1.767 亿 hm^2，其中南美洲黑土区的耕地面积占据第三位，占据四大典型黑土区耕地总面积的 18%。具体而言，南美洲黑土区主要分布在阿根廷和乌拉圭的潘帕斯草原，即拉普拉塔平原的南部。

南美洲黑土区气候和降雨分布呈现出明显的东西差异。以 500mm 的年均降雨线为分界，将该区域划分为两个主要部分。东部拥有亚热带季风性湿润气候，降雨相对充沛，主要植被包括针茅属、早熟禾属、三芒草属和菊科等潘帕斯群落，形成了无林草原景观，土壤类型为湿软土。而西部则呈温带大陆性气候，相对较为干旱。此地区主要植被包括疏林与灌木干草原，土壤类型为半干润软土。此外，该区域还包括栗钙土和棕钙土，以及一些盐沼地。南美洲黑土区的复杂地理、气候和土壤特征，为进一步研究该地区的生态系统提供了重要基础。

（二）南美洲黑土区黑土开发利用现状与问题

1992 ～ 2019 年，南美洲黑土区的耕地面积呈现明显的增加趋势，年均增速达到 7.1 万 hm^2。从 1992 年的 $3.01 \times 10^7 hm^2$ 增加至 2019 年的 $3.17 \times 10^7 hm^2$。以 2006 年为拐点，在 2006 年之前，耕地面积的增长速率为 $0.0133 \times 10^7 hm^2/a$，而在此之后，增速放缓，表现为不显著的增长趋势（图 1-9）。目前，南美洲黑土区的耕地面积达到 $3.17 \times 10^7 hm^2$，占据全球黑土区耕地总面积的 18%。

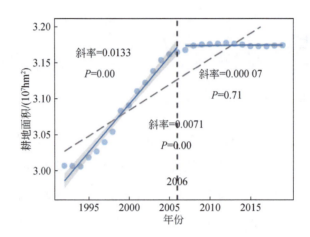

图 1-9　1992～2019 年南美洲黑土区耕地面积变化趋势与拐点时间

值得关注的是，南美洲黑土区面临严重的毁林问题，新开垦的耕地面积高达 $1.93 \times 10^6 hm^2$，其中 98% 来自林地，主要分布在阿根廷北部（图 1-10）。这一趋势对生态平衡和生物多样性造成了不可忽视的威胁。与此同时，南美洲黑土区的耕地转出面积相对较少，主要涉及林地和城市用地，尤其是在阿根廷北部地区。

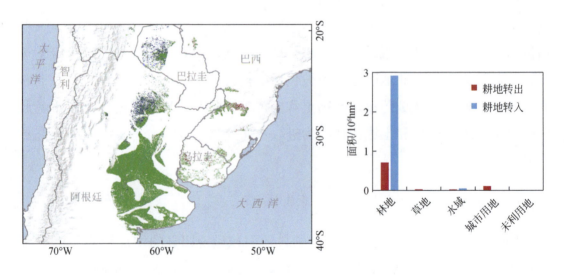

图 1-10　1992～2019 年南美洲黑土区耕地面积变化的时空格局

关于农作物的种植结构，南美洲黑土区以大豆、玉米和小麦为主导作物，这反映了该地区的农业特点和经济需求。然而，当前的开发模式和土地利用方式带来了一系列的问题，包括生态系统破坏、土地退化及生物多样性丧失。因此，有必要在黑土地的开发利用中采取可持续的管理措施，以确保农业生产和环境保护的平衡，为未来可持续发展奠定坚实基础。

（三）南美洲黑土区黑土地的重要性

南美洲黑土地对于该地区的生态系统和农业具有重要意义。这片土地富含有机质、氮、磷和其他关键养分，这使其成为理想的农业生产地。这里的黑土质地独特，具备出色的保水性和保肥性，有助于植物生长，并且有利于土壤的肥沃度和健康。该区黑土地还具备良好的排水性能，有助于农作物生长期间避免水涝，并有利于植物根系的发育。此外，南美洲黑土区的黑土地对维持生物多样性和生态平衡至关重要。这些土壤支持着丰富的植被和野生动物群落，为多种生态系统提供了重要的生态位和食物链环节。这些生物多样性的维护对于地区的生态稳定和可持续发展至关重要。综上所述，南美洲黑土区的黑土地在农业生产、土壤健康和生态平衡方面扮演着关键角色。因此，保护和合理利用这些宝贵的土地资源至关重要，可以确保未来的可持续发展并维持这一地区的生态系统功能。

第三节 中国东北黑土地分布

一、中国东北地区的黑土分布

黑土地是地球珍贵的土壤资源，是指拥有黑色或暗黑色腐殖质表层的土壤，是一种性状好、肥力高、适宜农耕的优质土地。拥有丰富黑土地资源的区域被称为黑土区。中国东北黑土区范围包括东北地区的黑龙江省和吉林省全部、辽宁省东北部及内蒙古自治区东四盟（赤峰市、通辽市、呼伦贝尔市、兴安盟），共246个县（市、旗），分布在呼伦贝尔草原、大小兴安岭地区、三江平原、松嫩平原、松辽平原部分地区和长白山地区，总面积达109万 km²，约占全球黑土区总面积的12%。根据2017年农业部、国家发展和改革委员会、财政部、国土资源部、环境保护部、水利部印发的《东北黑土地保护规划纲要（2017—2030年）》，东北典型黑土区耕地面积约2.78亿亩[①]；到2030年，集中连片、整体推进，实施黑土地保护面积2.5亿亩。东北黑土区土壤类型主要有黑土、黑钙土、白浆土、草甸土、暗棕壤、棕壤、水稻土等。

中国东北地区是一个在广义和狭义黑土定义下都拥有黑土分布的地区。根据广义黑土的定义，中国东北地区主要包括三个黑土分布区：呼伦贝尔黑土区、三江黑土区和松嫩黑土区。这些区域涵盖了大兴安岭以西、三江平原和松嫩平原等地（图1-11）。

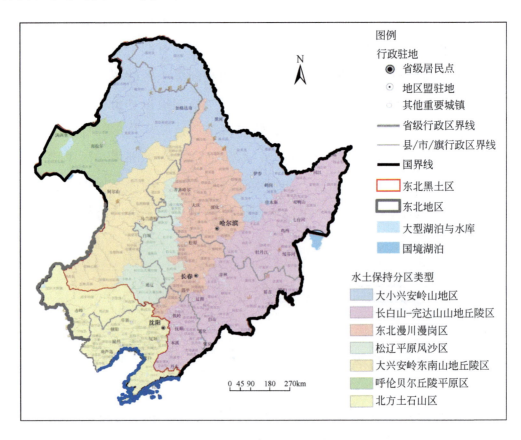

图1-11 东北黑土区行政范围图

注：全国水土保持规划编制工作领导小组办公室绘制

---

① 1亩≈666.7m²。

广义黑土区面积约为 $1.03 \times 10^6 km^2$，位于 118°40′E ~ 128°00′E、40°25′N ~ 48°40′N，主要分布在松嫩平原东部和北部的波状起伏平原及其周围的台地低丘区。这一地区属于温带大陆性季风气候，冬季受到西伯利亚冬季风的影响，夏季则受到海洋夏季风的影响。

根据狭义黑土的定义，中国东北黑土区主要发育在黏土层之上，其有机质含量由南向北逐渐递增。这一区域的发育历史经历了多个成壤期，其中全新世中期的温湿气候有利于植被和土壤的发育。

二、主要土壤类型及其分布

中国的土壤分类系统基于黑土的定量诊断特性（土壤系统分类）和地带性生物气候条件（土壤发生分类）。在这个系统中，黑土必须具备均腐特性（即有机质储量比<0.4），并且是在特殊气候、地形和水文条件下形成的，通常伴随着白浆化、草甸化和潜育化等附加成土过程。按照这一标准，广义的黑土主要包括狭义黑土、黑钙土、草甸土、白浆土、暗棕壤和棕壤六大类。狭义黑土进一步分为黑土、草甸黑土、白浆化黑土和表潜黑土四个亚类，黑钙土进一步分为黑钙土、淋溶黑钙土、石灰性黑钙土、淡黑钙土、草甸黑钙土、盐化黑钙土和碱化黑钙土七个亚类，草甸土进一步分为草甸土、石灰性草甸土、白浆化草甸土、潜育化草甸土、盐化草甸土和碱化草甸土六个亚类，白浆土进一步分为白浆土、草甸白浆土和潜育白浆土三个亚类，暗棕壤包括暗棕壤、白浆化暗棕壤、草甸暗棕壤、潜育暗棕壤和暗棕壤性土五个亚类，棕壤包括棕壤、白浆化棕壤、潮棕壤和棕壤性土四个亚类。

中国东北黑土区主要包括以下土壤类型：黑土、黑钙土、暗棕壤、棕壤、白浆土和草甸土（图1-12、图1-13）。

黑土：总面积为 7.02 万 km^2，主要分布在黑龙江省、吉林省和内蒙古自治区。黑土分布区属于温带湿润半湿润季风气候，年平均气温 0 ~ 6.7℃，≥10℃积温 2000 ~ 3000℃，无霜期 110 ~ 140 天，年降水量 500 ~ 600mm。自然植被为草原化草甸或草甸化草原。

黑钙土：总面积为 9.58 万 km^2，主要分布在内蒙古自治区、吉林省和黑龙江省西部。黑钙土分布区属于温带半湿润季风气候，年平均气温 -2 ~ 5℃，

≥10℃积温 1500～3000℃，无霜期 80～120 天，年降水量 300～500mm。自然植被为草甸草原。

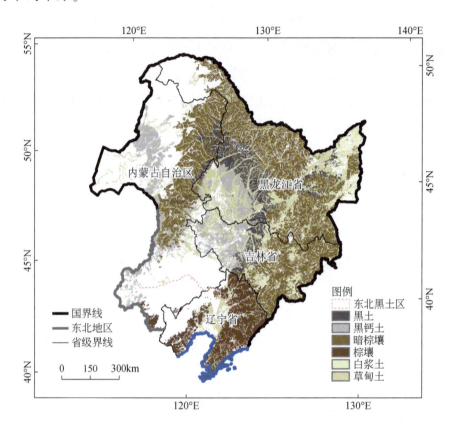

图 1-12　东北黑土区典型土壤类型分布图

注：基于 1∶100 万中国土壤数据集绘制

(a)黑土　　　　　(b)黑钙土　　　　　(c)暗棕壤

图 1-13　东北黑土区六大土类景观照和剖面照

注：中国科学院东北地理与农业生态研究所隋跃宇研究员野外拍摄

暗棕壤：总面积为 31.95 万 km²，主要分布在黑龙江省、吉林省和内蒙古自治区东部。暗棕壤分布区属于温带湿润季风气候，年平均气温 −2 ~ 5℃，≥10℃积温 1900 ~ 3300℃，无霜期 80 ~ 155 天，年降水量 600 ~ 1100mm。该区域多为中山、低山和丘陵地带，自然植被为以红松为主的针阔混交林。

棕壤：总面积为 4.99 万 km²，集中分布在辽东半岛和吉林省境内西南边缘的低山丘陵地带。棕壤分布区属于暖温带湿润半湿润季风气候，年平均气温 5 ~ 15℃，≥10℃积温 2700 ~ 4500℃，无霜期 120 ~ 220 天，年降水量 500 ~ 1200mm。自然植被主要为针阔混交林、针叶林、阔叶林等。

白浆土：总面积为 5.27 万 km²，主要分布在黑龙江省和吉林省东部的山麓、岗平地与河谷台地。白浆土分布区属于温带湿润半湿润季风气候，年平均气温 −1.6 ~ 3.5℃，≥10℃积温 1900 ~ 2800℃，无霜期 87 ~ 154 天，年降水量 500 ~ 900mm。自然植被包括针阔混交林、次生杂木林、草甸及沼泽化草甸。

草甸土：总面积为 17.56 万 km²，分布于东北地区的黑土地上。草甸土分布区气候类型多样，包括温带湿润、半湿润和半干旱气候，年平均气温 0 ~ 10℃，年降水量 200 ~ 800mm。自然植被包括湿生型草甸植物、草甸草原植物、沼生植物等。

三、黑土形成与演化过程

中国东北地区的黑土形成与演化受到多个因素的影响。这些因素包括地形、气候、植被和母质。以下是影响黑土形成与演化的关键因素。

地形特点：东北黑土区位于构造拗陷带，沉积物堆积较厚，底部主要由砂砾层组成，中下部逐渐增加砂质成分或形成砂黏间层，上部则以黏土层为主。更新世期间，新的构造运动导致了沉积地层的抬升，为黑土的发育创造了基础。

气候特点：东北黑土区属于温带大陆性季风气候，冬季寒冷干燥，夏季炎热多雨。这种气候条件下，繁茂的植物和湿润的气候为黑土的形成提供了必要的水分与有机质。

植被特点：自然植被主要以草原化草甸或草甸化草原为特征，俗称为"五花草塘"。植被组成包括小叶樟、修氏薹草、小白花地榆等。这些植物的分解产物——有机质积累在土壤中，促进了黑土层的形成。

母质特点：黑土区的底部多为砂砾层，有机质的分解产物在这种底部条件下堆积，形成了深厚的腐殖质层。当腐殖质的生成速度超过分解速度时，肥沃的黑土层就会不断增厚。

自然黑土是在古近纪和新近纪、第四纪更新世或全新世的砂砾和黏土层上发育的土壤，区域内独特的气候、水文条件和植被类型为土壤中腐殖质的积累奠定了基础，形成了深厚肥沃的黑土层。在温湿气候条件下，植被以森林草原和森林草甸草原为主，为腐殖质的形成提供了物质基础。这些时期的气候和植被条件有助于黑土的发育与积累。

此外，根据2023年7月中国科学院南京土壤研究所张甘霖研究员团队联合中国科学院南京地理与湖泊研究所隆浩研究员团队发表在 Science Bulletin 上的最新研究结果，中国东北地区黑土的形成时间在1.69万年至1.26万年前，该研究首次明确了黑土的形成时间，并提出了中国东北深厚黑土层的形成机制。研究提出了一个关于黑土形成的土壤发育模型，即堆积成土模型（Accretionary Pedogenic Model），解释了黑土形成过程中土壤结构的形成和演化，为更好地理解黑土的形成机制提供了新视角。

黑土的形成是一个堆积土壤母质和有机质的过程。土壤母质主要来自风成的黄土物质，而有机质的积累主要受气候条件的影响。在过去 3 万年的时间里，东北地区的气候条件发生了变化。在末次冰期末期，东北地区的气候寒冷干燥，不利于黑土形成。然而，在 1.44 万年前开始的 Bølling-Allerød（最后一次冰期结束后的一个温暖时期，大约发生在 1.4 万年至 1.2 万年前）间冰期期间，东北地区的气候变得温暖湿润，这促进了植被的生长和有机质的积累。同时，风成的黄土物质也不断堆积，为黑土的形成提供了土壤母质。随着时间的推移，土壤中的有机质不断积累，同时土壤中的矿物质也发生转化。有机质的积累主要是由于植被的生长和分解，以及根系的分泌物和微生物的活动，这些过程导致土壤中的有机质逐渐增加，形成了厚厚的黑土层。同时，风成的黄土物质也不断堆积，使得黑土的土壤结构逐渐形成和演化。

总结来看，中国东北地区的黑土分布区具有多种不同的土壤类型和气候条件。这些因素共同作用，影响了黑土的形成和演化过程。黑土的丰富有机质和肥力，使其成为农业生产的重要基础之一。这些对于更好地保护和管理黑土资源，深入研究其形成机制和演化历程至关重要。

第二章 | 黑土地开发历史过程

第一节 黑土地早期开发进程

20 世纪以前，东北黑土地经历了渔猎游牧、原始农业、传统农业和近代垦荒时期的长期而缓慢的开发利用历程。总体上，由于 19 世纪中叶以前东北地区生产力水平极低，加上清朝时期的长期封禁政策，人类生产活动对东北黑土地影响非常有限，东北黑土地在进入 20 世纪前仍然基本保持较为原始的状态。

一、原始农业的崛起（公元前 16 世纪至公元 3 世纪）

公元前 16 世纪至公元 3 世纪，黑龙江地区的各民族逐渐从渔猎游牧生活转向了原始农业阶段。早在先秦时期，古代东北南部地区就开始了农业经济的发展，尤其是辽西、辽东地区与中原接近，农业进展几乎与中原媲美。即便东北地区不断涌入不同民族，但无论是少数民族入主中原，还是中原汉人迁入，这里的经济基础和生活方式仍均以种植业为主。由于多民族共存、多种社会形态共存以及自然条件的差异，东北南部各区域的经济特征和生产水平差异巨大。燕长城以南地区农业比例高于畜牧业和渔猎业，而燕长城以北地区则相反，畜牧业和渔猎业占主导地位。燕秦时期，东北南部的农业继续发展，不断向燕长城以外地区扩展，逐渐涵盖吉林和长春等地。这一时期，燕长城以南有三个主要农业区，包括西部农业区（以奈曼、敖汉、兴隆等为代表）、中部农业区（以辽阳、鞍山、抚顺等为代表）、东部农业区（以宽甸等为代表），这些区域拥有先进的农业经济，广泛使用铁制农具。

相对而言，东北西部地区在燕秦时期农业经济相对落后，家畜饲养业发展较快。渔猎业在各部族中广泛存在，特别是在偏远的地区，其不仅是主要生产部门，也是居民辅助经济的一部分。南室韦部族采用半游牧、半定居生活方式，北室韦部族则更侧重射猎。其他部族如钵室韦部族也主要以射猎为生。乌洛侯居民则散居于山河谷地，养猪业较发达，同时也从事农业，种植豆类和麦。地豆于部族以游牧为生，主要以养牛、羊、马为生，几乎没有种植农作物，主要以肉类和酪制品为食。契丹族是狩猎的专家，特产是"名马文皮"。与契丹族相邻的库莫奚部也以游牧为主，同时从事射猎。他们的领土也以产出"名马文皮"而著名。

在东北西部的草原和大兴安岭山区，畜牧业占主导地位，而渔猎业则为辅助经济。部族的活动范围主要集中在今内蒙古自治区东部老哈河上游东南至辽宁省大小凌河流域。乌桓、鲜卑部族起源于大兴安岭一带，但到了东汉后期已经扩展到匈奴故地，人口达百余万。终汉之世，乌桓、鲜卑族一直活跃在西拉木伦河上游地区，以牧业为主。而东汉后期，慕容鲜卑建立的前燕政权统治了东北西部地区，汉族与鲜卑族居民共同参与农牧业，开创了农牧结合的经济模式。

二、从原始农业到传统农业（3~7世纪）

随着时间的推移，原始农业逐渐演变为传统农业。原始农业和传统农业最大的区别在于铁制农具和畜力的使用，东北地区一些先进部落中，人们已经开始使用铁器工具，并且农业生产活动主要分布在嫩江流域和大兴安岭、小兴安岭接合地带。春秋战国时期，我国在社会制度上实现了由奴隶社会向封建社会的演变，在农业生产方面则开始了由粗放农业向精耕农业的转变。这一时期，东北地区精耕细作、农牧结合、利用自然环境条件进行生产经营，采用农业和人工措施，如多种植、人工捕捉、合理倒茬和换茬、筛选品种等措施，进行病虫草害防治，逐步形成了人与自然环境相协调的农业耕作体系。这一时期，东北南部地区的农业有了进一步发展，农业区域逐渐扩大，包括吉林和长春等地。燕长城以南地区形成了三个主要的农业区，分别是西部农业区、中部农业区和东部农业区，这些区域拥有先进的农业经济，广泛使用铁制农具。而东北西部地区在这个时期农业较落后，家畜饲养业发展较快，渔猎仍然是生活的重要组成部分。

三、传统农业的新阶段（7世纪至19世纪末）

从公元7世纪开始，黑龙江地区逐渐兴起了畜耕农业，标志着传统农业的兴起。在唐代，农业开发活动主要集中在松花江以南平原和牡丹江流域。辽金时期，农业开垦逐渐扩展到黑龙江、松花江、嫩江、牡丹江、绥芬河、乌苏里江沿岸冲积地带以及松嫩平原、三江平原等地，耕地面积大幅增加，达到127万~160万 hm²，超过了以往的任何时期。

然而，随着金灭亡至元末时期的到来，一部分农田被荒废或转为牧场，农业整体呈现倒退现象。明代实施了"驻军屯田"政策，有助于恢复农业开发和生产活动。然而，清朝时期对东北关内地区采取了全面封禁的政策，禁止移民，限制开发，封禁政策持续了整整两个世纪。在这期间，主要在齐齐哈尔市、哈尔滨市、黑河市等地实行了"驻兵卫戍"屯田政策，但总体垦荒面积有限，仅为38万 hm²。

直到1861~1900年，清朝对东北边疆地区采取了"弛禁放垦"政策，允许移民进入边境地区进行垦荒，这标志着东北黑土地进入了近代垦荒的萌芽期。黑龙江省的垦荒活动也扩展到了哈尔滨市、齐齐哈尔市、绥化市、牡丹江市、黑河市等地区。

综上所述，在早期开发历程中，东北黑土地经历了从渔猎游牧到原始农业再到传统农业的演变过程。不同地理和环境条件下的各部族逐渐适应并发展了不同的农牧业模式，从渔猎游牧阶段向农牧结合和以农业为主导的经济体系过渡。尽管经济以畜牧和狩猎为主，但农业逐渐崭露头角，特别是在中东部地区。这一过程也反映了东北黑土地在早期开发中的多样性和逐渐增长的重要性。

第二节　黑土地近现代开发进程

20世纪初以来，我国东北地区由长期大规模垦荒扩张发展转为开启农业改革开放新篇章，黑土地大规模开发利用并出现退化问题。

一、大规模移民与民国垦荒（19 世纪末至 20 世纪初）

19 世纪末，东北地区的黑土地资源被广泛认识，但尚未大规模开发。然而，在这个时期，一系列动荡的事件吸引了大量关内汉民涌入东北。1860 年，清政府开始放弃对东北的政策封禁，开放了哈尔滨以北的呼兰河平原，第二年又开放了吉林西北平原，从此拉开了近代大规模向东北移民的序幕。是年，清政府还制定了《呼兰放荒章程》，于是移民蜂拥而至，"民屯大起，直隶、山东游民流徙关外者趋之若鹜"。甲午战争后，边疆危机更加严重，财政日益窘迫。清政府被迫放弃歧视政策，由过去的严禁开垦改为招民代垦，以至于在部分地区内旗民兼放，进一步加快了黑龙江省以及吉林省的放垦和开发。随着荒地的不断开垦，人口随之增加。据相关资料，19 世纪末，黑龙江省人口为 100 万人左右，同嘉庆时期的 44 万人相较增加了一倍多。《辛丑条约》签订后，清政府财政更加困难，放荒筹饷更为迫切。1904 年，程德全会同将军达桂奏请变通办法，力主黑龙江全省向移民全面开放，得到批准。1909 年，吉林省移民垦荒进入高潮。至此，清政府的东北移民政策从由移民推动的被动方式走向主动招引移民的方式，东北移民活动进入了一个新的历史时期。这一时期的人口涌入和土地垦荒为东北地区的农业发展打下了坚实的基础。

20 世纪初，东北黑土地进入大规模移民和大规模土地开垦阶段，但也开始出现了人为破坏和退化现象。民国时期，延续了大规模移民并实施"实边兴垦"政策，东北黑土地进入大规模农垦时期。1911 年，黑龙江省人口迅速增加到 300 万人，垦荒成熟地约有 280 万 hm²，小麦和玉米每公顷产量分别达到 1125kg 和 1500kg。1915 年，吉林省和黑龙江省的耕地面积分别达到 573 万 hm² 和 248 万 hm²。

二、抗战时期的挑战（20 世纪三四十年代）

由于大规模移民和实施"实边兴垦"政策，东北黑土地进入大规模农垦时期，使得粮食产量不断增加。1924 ~ 1930 年，东北三省的粮食产量从 1457 万 t 增加到 1886 万 t，东北地区成为世界著名的大豆生产基地。到 1930 年，黑龙江省的人口增加到 629 万人，垦熟的耕地面积达到了 584 万 hm^2，粮食总产量达到了 759.5 万 t。

然而，在农业生产取得初步成效之际，1931 年"九·一八"事变后，日本强占东北，对整个东北地区农业发展造成沉重的影响。最先受到冲击的是东北的人口结构。在日本移民政策的指导下，大量日本、朝鲜等地人口移居东北，因此伪满境内的中国人口尽管在 1932 年后的五年内增加了 500 多万，但是在总人口中的比例却在逐年下降。1941 年太平洋战争爆发后，日伪开始紧急经济掠夺政策，把"及时满足日本的战时紧急需要作为各项经济政策的唯一目标"，于 1941 年 12 月抛出《战时紧急方案要纲》，采取强制增产的措施之一就是扩大耕地面积。其在 1942 ~ 1945 年第二个产业五年计划中规定，由现有居民开荒和恢复荒地 30 万 hm^2，由移民开垦 9 万 hm^2，共 39 万 hm^2。1944 年规定，要进行"紧急农地造成"以扩大耕地面积。计划包括西流松花江地区、东辽河地区，以及已着手计划并认为可以提前施工的地区。这些强制政策，使东北地区耕地面积有所扩大，1942 年为 1939 万 hm^2，1943 年为 1944 万 hm^2，1944 年为 1984 万 hm^2，比 1942 年增加了 45 万 hm^2。

第二个措施是提高单位面积产量。由于农村存在封建地主制，加上农民原来就十分贫穷，且伪满不愿意出资扩产，单位面积产量非但没有提高，反而下降。加之日本侵略者的疯狂掠夺，东北农业遭到极大破坏。例如，东北主要粮食作物之一的大豆，其耕种面积占全部农作物耕种面积的三分之一左右，产量占全部农作物产量的四分之一左右，但东北沦陷后，大豆产量出现减少趋势。例如，1930 年大豆产量为 536t，1932 ~ 1944 年大豆产量一直在 300 万 ~ 400 万 t。大豆的减产影响到东北粮食产量，如 1943 年耕种面积增加近 2 倍，而产量仅增加 21%；与 1931 年相比，耕地面积增加 22%，产量反减少 6%，这导致土地资源的大量浪费。1943 年伪兴农部所管的粮谷"出荷"量 750 万 t 中，供给日本国内 300 万 t 和关东军 70 万 t。1944 年粮谷"出荷"量增至 879 万余吨，占本年总产量的 45.6%，较 1940 年增加 78.7%。5 年间共"出荷"粮食 3330.8 万 t。日伪对农民"出荷"的米谷名为"收购"，实际价格很低，不及成本，使得东北地区农民收入降低，粮食内需达不到满足，饥饿人口显著增加。尽管如此，这一时期仍然被视为东北黑土地农业的关键时期，开垦耕地、增加耕地面积奠定了农业发展基础。

三、新中国时期的农业大开发（20 世纪 40 ~ 70 年代）

长期的战乱，使得东北地区农业生产受到严重破坏。中华人民共和国成立后，政府高度重视农业生产以及黑土地的保护与利用，科技助推农业现代化得到了快速发展。1950 年 6 月，我国颁布《中华人民共和国土地改革法》，通过改革，充分调动农民的生产积极性。1955 年 10 月，中共七届六中全会通过了《关于农业合作化问题的决议》，黑龙江省结合实际，采取从互助组、初级社到高级社逐步过渡的方式，引导农民走向合作化的道路。到 1957 年底，全省99% 的农户都加入了高级社，农业生产实现恢复性增长。与此同时，1949 ~ 1960 年，以大型国营农场为主导，进行了"北大荒"的开发，使黑土地农业进入初创快速发展时期。

"北大荒"位于 123°40′E ~ 134°40′E，44°10′N ~ 50°20′N，总面积 5.53 万 km^2。"北大荒"包括黑龙江省嫩江流域、黑龙江省谷地与三江平原广大荒芜地区。其北部临近小兴安岭地区，西部为松嫩平原区。从 1947 年起，为响应党中央、毛主席的号召，先后 14 万复转军人、20 万内地支边青年、54 万城市知识青年、10 万大中专院校毕业生和地方干部，近百万垦荒大军对"北大荒"地区进行了大规模的垦殖，成立组建黑龙江生产建设兵团时又创建了一大批国营农场。此外，1959 年东北地区率先开始了农业机械化，随后农机装备总量持续增加，东北地区也成为中国农业现代化和农业机械化的历史性起始点。中华人民共和国成立之初，黑龙江省仅有耕地面积 8800 万亩，平均亩产 140斤[①]，总产 123.2 亿斤。截至 1978 年，黑龙江省耕地面积已经扩大到 13 000 万亩，粮食总产量为 300 亿斤，这比 1949 年增加约 180 亿斤。在扩大开荒的耕地面积中粮食增产大约 95 亿斤，可以看出，扩大开荒对当时的粮食生产具有重要作用。

20 世纪 40 年代至 21 世纪初，经过六十余年几代人的共同努力，目前"北大荒"地区已拥有 113 个大型农牧场、2000 多个企业、3560 万亩耕地、177.8 万人，为国家生产了大量的粮食，过去人迹罕至的"北大荒"建设成为

---

① 1 斤 = 500g。

了美丽富饶的"北大仓"，成为我国现代化程度最高、商品率最高的商品粮生产基地，自此"北大荒"精神源远流长。但由于过量开垦，湿地面积减少了80%，大量稀有动物失去栖息地。现今国家已决定停止开发三江平原的荒地，并建立自然保护区，保护三江平原的荒地。这一时期，东北地区农业生产取得了显著的成就，为国家提供了丰富的粮食资源。

四、生产建设兵团开发时期（1961～1977年）

1961～1977年，生产建设兵团在东北地区的农业发展中发挥了关键作用。1968年，根据毛泽东主席批示，中共中央、国务院、中央军委命令沈阳军区以原东北农垦总局和黑龙江省农垦厅所属农场为基础，组建中国人民解放军沈阳军区黑龙江生产建设兵团，在黑龙江省边境地区执行"屯垦戍边"任务。1969年初，兵团成立后不久便组建了兵团第六师，新建4个团，全力开发位于三江平原腹地的抚远荒原。当年垦荒6万余亩，1970年达到15万亩，生产粮食480万kg，上交商品粮51万kg。加上其他师团的努力，兵团两年开荒约200万亩。经过艰苦奋斗，第六师先后扩建了4个农场，新建了7个农场，297个生产队，5年内开荒324万亩。如果把1958年王震率10万复转官兵进军广袤的三江平原、嫩江平原视为是在进行中华人民共和国成立之后第一次对"北大荒"的大规模开发，那么兵团的组建，特别是以全国各大城市的几十万知识青年为主要力量的兵团战士进行的"屯垦戍边"活动，则是掀起了新一轮开发"北大荒"的热潮。此时，黑龙江省形成了全国最大的国营农场群，农业生产进入了波动型增长时期。兵团时期的创新措施使黑土地农业更加高效和可持续。

五、农村土地制度改革（1978～2000年）

1978年，中国实施改革开放政策，家庭联产承包责任制的引入激发了农民的生产积极性。党的十一届三中全会后，东北地区农业发展进入改革开放探索时期，创新了"国有农场+家庭农场"管理体制和经营方式，进行了土地综合开发。吉林省加快农业机械化步伐，大搞以改土、治水、造林为主要内容的农田基本建设，加强种子工作，提高科学种田水平，积极发展社队企业等，使得 1978 年吉林省农业总产值比 1977 年增长 17.6%，粮食总产量达到 182.9 亿斤，超过历史最高水平。其中，红石岭大队和阿拉底大队农业生产水平较高。

1979~1984 年，黑龙江省从改变农村的基本经营制度入手，在推行"联产到劳、包产到户、包产到组、包干到户"等责任制基础上，逐步形成以家庭联产承包经营为基础、统分结合的双层经营体制，极大地释放了农村生产力。1979 年，黑龙江省已经建立起国营农场群，其中耕地面积 3000 万亩，占据黑龙江全省总耕地面积的四分之一。加之较好的机械装配、较高的劳动生产率，该时期黑龙江省具有较大的农业生产潜力。1984 年春，全省实行家庭联产承包责任制的生产队已达到 98.7%，农业发展呈现恢复性增长。1984 年全省农业总产值达 121.5 亿元，按可比价格计算，比 1978 年增长 49.9%，年均增长7.0%。1985 年，国家取消了粮食、棉花的统购，将其改为合同定购，全省耕地面积扩大到 2 亿亩，粮豆薯产量在现有基础上翻了一番。实现"三个一百"，即每年向国家交商品粮 100 亿斤、大豆 100 万 t、糖 100 万 t。1986 年，又适当减少合同定购数量，扩大市场议价收购比例。这一阶段，黑龙江省贯彻"以粮为纲、全面发展"的政策，推进农产品流通、农产品市场培育、农村产业结构调整、非农企业发展等多项改革，全面实施了粮牧企、贸工农、农科教、城乡"四个一体化"战略，产业结构不断优化，一批较规范的农贸批发市场得到发展，乡镇企业异军突起，个体工商户、运输户、专业户应运而生，农业社会化服务体系开始建立。1992 年，党的十四大明确提出我国经济体制改革的目标是建立社会主义市场经济体制。通过稳定农村基本经营制度、改革农产品流通体制、加快乡镇企业发展，黑龙江省农产品市场体系初步建立，市场机制全面取代计划手段，在调节农产品供求和资源配置等方面发挥着主导作用。与此同时，黑龙江省以农业产业化作为解决农业深层矛盾的突破口，不断创新农业农村经济组织形式、资源配置方式、生产经营机制和农业管理体制，加快现代农业发展，提高农民收入。

在农业发展以及大规模开垦的同时，东北地区土壤有机质含量下降，由原来的 7%~8% 下降到 5%~6%，熟地有机质由 4%~5% 下降到 3%。由于土壤有机质下降，土壤持水和保肥能力下降，造成土壤板结较为严重。此后，东北地区陆续启动了包括"三北"防护林、退耕还林还草等一系列有重要影响的生态环境建设工程，进一步释放了粮食生产潜力并改善了土地生态。在此期间，中国科学院加强了黑土地的野外观测台站建设，陆续建立了中国科学院海伦农业生态实验站（简称海伦站）、中国科学院沈阳生态实验站（简称沈阳站）等，提高了对黑土地的观测研究能力。其中，1978 年建立的海伦站是中国科学院在东北黑土地上建立的第一个并且是唯一专门从事黑土农田生态系统监测、研究和示范的综合性野外台站。

第三节　黑土地农业现代化新时代

21 世纪以来，由注重粮食生产转为开启农业现代化新时代，"用好养好"黑土地面临压力。进入 21 世纪后，东北地区农业进入快速稳定发展阶段，国有农垦企业成为全国农业现代化的排头兵，粮食生产能力迅速提高，有力地保障了国家粮食安全。党的十八大以来，党中央和国务院高度重视东北地区黑土地保护与利用的高质量发展，粮食安全保障能力稳步提升，农业现代化程度不断提高，科技创新成为东北黑土区农业现代化发展的重要支撑，国家发展和改革委员会、农业农村部、财政部等有关部门制定了系列黑土地保护规划与行动计划，但"用好养好"黑土地仍面临较大压力。

一、农业税费改革进一步激发了活力

1978 年，中国农业迎来了家庭联产承包责任制，这一改革取得了显著的成就，中国粮食产量从 3 亿 t 迅速增至 1996 年的 5 亿 t。然而，20 世纪 90 年代初，农业生产出现停滞，农民收入停滞不前，负担问题加剧，使得中国的"三农"（农业、农村、农民）问题成为国内外关注的焦点。随着统购统销制度的退出和粮食价格管制的放松，20 世纪 90 年代中期粮食产量再度上升，但这一好势头未能持续。粮食价格下跌、卖粮难、农民收入停滞等问题导致农民的生产积极性受到严重打击，他们不得不外出务工导致农田荒芜。在没有大规模自然灾害的情况下，粮食产量从 1999 年开始连续 5 年大幅减产，一度降至 2003 年的 4.3 亿 t，引起了决策层的高度关注。

从 1990 年开始，中央相继下发多个文件，重点解决对农民的各种收费、罚款和摊派问题。

为了探索减轻农民负担的根本之策，中央决定将工作重心由治乱减负转向农村税费改革。1998 年，国务院农村税费改革工作小组成立，拉开了农村税费改革的大幕。1999 年，中央在实地调研的基础上开始将农村税费改革提上议事日程，对农村税费进行规范，随后于 2000 年在安徽省进行改革试点。为进一步减轻农民负担，规范农村收费行为，中央明确提出了对现行农村税费制度进行改革，并从 2001 年开始，在部分省市逐步进行试点和推广。其主要内容可以概括为"三取消、两调整、一改革"。其中，"三取消"指的是取消乡统筹和农村教育集资等专门向农民征收的行政事业性收费和政府性基金、集资；取消屠宰税；取消统一规定的劳动积累工和义务工。"两调整"包括调整现行农业税政策和调整农业特产税政策。"一改革"指的是改革现行村提留征收使用办法。

2001 年，江苏省开始自费进行改革试点。2002 年，在总结安徽和江苏两省试点经验的基础上，全国税费改革试点省份扩大到 20 个。2004 年，中央作出了 5 年内取消农业税的重大决定。中国农民对这一制度变革做出了积极的回应，粮食产量实现了 5 年连续大幅减产后的首次增加。随后，农村税费改革试点工作全面推开，明确提出取消农业税的目标，在全国范围内降低农业税税率，黑龙江、吉林两省进行全部免除农业税试点，取消除烟叶外的农业特产税，取消牧业税等。直至 2005 年 12 月 29 日，十届全国人大常委会第十九次会议决定，自 2006 年 1 月 1 日起废止《中华人民共和国农业税条例》。取消农业税标志着中国在收入分配制度上的重大变革。

以取消农业税为起点，中国进一步推进农村综合改革，坚持多予、少取、放活的原则，财政支农投入力度不断加大。一系列强农惠农富农政策相继出台、落地，农村发展潜力进一步得到激发。2006 年全面取消农业税，成为中国收入分配制度上的重大变革。为增加农民收入，近年来国家不断加大对农民的收入补贴力度。中央财政安排的 4 项农业补贴资金从 2003 年的 3.3 亿元大幅增加到 2013 年的 2000 亿元。

同时，中国政府在粮食流通领域进行了改革。2000 年，浙江省率先试点粮食购销市场化改革，2001 年范围扩大到全国，2004 年粮食收购市场全面放开，实现了粮食购销市场化和市场主体多元化。粮食市场化改革充分释放了粮价上涨的动力，三种主要粮食作物的实际出售价格均有大幅提高。

2004～2017 年，中央共连续出台了 14 个中央一号文件，内容涉及农民增收、农业发展、农村建设、供给侧改革、农业现代化等各方面。特别是以农村税费改革和农业补贴为核心的收入分配制度改革，以及粮食购销市场化改革带来的粮价上涨，对农业生产产生了巨大影响。

总体而言，这一系列的农村政策和改革举措，以及对农业生产和农民收入的支持，为我国农村经济的稳步发展奠定了坚实基础。特别是农业税费改革的实施，不仅在制度上减轻了农民的负担，也为农村综合改革提供了有力支持，推动了"三农"问题的解决和农村经济的繁荣，进一步激发了主要粮食产区粮食生产的活力。

二、保障粮食安全作用日益突出

东北黑土区已经成为世界粮食综合产出的先进地区。一是粮食作物播种面积稳步增加。2005 年粮食作物播种面积为 1910.21 万 hm^2，2019 年增至 2848.87 万 hm^2。水稻、玉米、大豆等主要粮食作物的播种面积总体均呈现扩大趋势，由 2005 年的 295.70 万 hm^2、800.38 万 hm^2、509.18 万 hm^2 分别增加至 2019 年的 531.42 万 hm^2、1551.25 万 hm^2、584.41 万 hm^2，分别是原来的 1.8 倍、1.9 倍、1.1 倍（图 2-1）。受"镰刀弯"地区玉米调减政策和玉米临储制度改革影响，2015 年后玉米播种面积略有下降，减少 156.62 万 hm^2。受益于大豆种植支持政策，2019 年大豆种植面积比 2015 年增加了 243.20 万 hm^2。二是粮食作物产量快速增长。粮食作物产量由 2005 年的 8654.52 万 t 增至 2019 年的 16 542.85 万 t，占全国粮食作物总产量的比例由 2005 年的 17.88% 增加至 2019 年的 24.92%，为保障全国粮食安全做出了重要贡献。2019 年水稻、玉米、大豆产量分别是 2005 年的 1.9 倍、2.3 倍、1.2 倍。2019 年水稻、玉米、大豆产量达到 3887.65 万 t、10 904.31 万 t、1090.82 万 t（图 2-2），占全国的比例分别为 18.55%、41.81%、60.30%。三是粮食单位面积产量显著提高（图 2-3）。2005～2019 年每公顷平均粮食产量增加了 1276kg，增幅达 28%。按 2019 年粮食播种面积计，相当于增产 3635 万 t 粮食。2019 年主要粮食作物水稻、玉米、大豆的每公顷产量分别为 7316kg、7029kg、1867kg，较 2005 年分别增长 4.35%、18.71%、2.16%。中国科学院大安碱地生态试验站（简称大安站）作为吉林省水稻品种区域试验（公益性试验）承试点，于 2017 年开始承担吉林省水稻品种试验任务。2017~2020 年大安站承试点试验田水稻每公顷产量为 8483kg，2018 年单位面积产量最高，为 8562kg。海伦站 2000~2019 年玉米每公顷平均产量为 8037kg，2001~2020 年大豆每公顷平均产量为 2498kg，单位面积平均产量总体呈上升趋势。

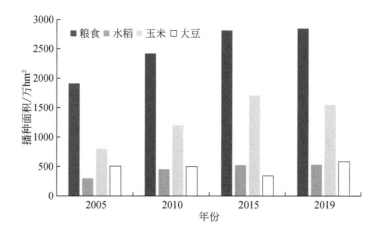

图 2-1　东北黑土区粮食作物播种面积（2005~2019 年）

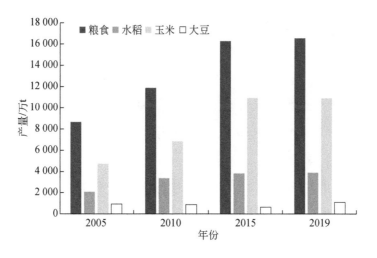

图 2-2　东北黑土区粮食作物产量（2005~2019 年）

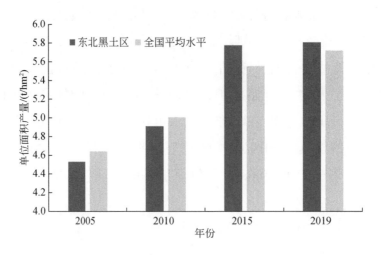

图2-3　东北黑土区粮食单位面积产量变化比较（2005～2019年）

三、农业机械化水平稳步提升

东北地区已成为我国综合机械化水平最高的区域，涌现出以北大荒农垦集团有限公司（简称北大荒集团）为代表的一批国内重要的农垦集团和农业龙头企业，塑造了"宽窄行种植，秸秆全覆盖"的梨树模式等先进典型。一是整体机械化程度不断提高，多项指标位居全国前列。2019年东北三省农业机械化总动力约占全国的12.03%，黑龙江省、吉林省、辽宁省综合机械化率分别达到97%、81%、85%，其中黑龙江省高出全国平均水平（69%）28个百分点，位居全国首位，主粮生产已基本实现全程机械化。二是黑土区大型农机保有量位居全国前列，其中黑龙江省位居全国首位。2019年东北三省大中型拖拉机、配套农机具、农业机械化作业服务组织分别占全国总量的24.69%、15.70%、20.07%（表2-1）。三是中大马力农机占比较高，农业机械化的层次高。东北地区土地平整肥沃，规模化程度高，天然适合中大马力农机作业，近年来中大马力农机使用率不断提升。2018年以来，50马力①以上的中大马力拖拉机销售量占比已超过50%。四是农机智能化水平不断提升。按工业和信息化部修订发布的《首台（套）重大技术装备推广应用指导目录（2019年

———————————

① 1马力≈0.7355kW。

版)》的定义，具备自动驾驶功能和±2.5cm作业精度的"智能拖拉机"及配套农机北斗导航辅助驾驶系统销量急速上升，2020年上半年销量已超过2019年全年销量（表2-2），新疆维吾尔自治区和黑龙江省位列销量前两位。五是智慧农业发展迅速。中国科学院与黑龙江省、吉林省地方政府战略合作，开展了智慧农业信息精准服务平台构建与规模化应用示范。中国科学院辽河源农业生态研究与示范基地建设了千亩级现代农业数字化农田，通过大数据分析与精准农业机械，实现定时、定位、定量、定配方的精准农业生产管理模式。2020年中国科学院微电子研究所研发的基于北斗、人工智能、物联网等技术的北斗农机无人驾驶系统已在黑龙江省累计示范无人标准化作业0.28万hm^2（图2-4）。该系统集成了20余项自主知识产权，节约人力成本200%以上，减少机械作业损苗率5%，提升工作效能25%以上，提升土地利用率0.5%~1%。

表2-1　2019年东北地区农业机械化基本情况

项目	黑龙江省	吉林省	辽宁省	全国
农机总动力/万kW	6 359.1	3 653.7	2 353.9	102 758.3
大中型拖拉机/万台	57.82	34.10	17.68	443.86
配套农机具/万部	42.73	9.26	16.53	436.47
农业机械化作业服务组织/个	25 948	8 884	3 614	191 526

表2-2　黑龙江省与全国北斗导航农机自动驾驶系统销量　　　　（单位：台）

时段	全国	黑龙江
2019年	5900	1644
2020年1~6月	6900	2670

注：根据黑龙江省发布的农机购置补贴数据整理

四、黑土地保护与可持续利用

随着黑土地开发利用强度增强和退化问题的出现，政府加大了黑土地保护与可持续利用投入力度。一是示范推广黑土区保护性耕作技术。2000年以后保护性耕作技术开始在东北地区试验示范和推广，已经遍及黑龙江省、吉林省、辽宁省、内蒙古自治区，覆盖了黑土、黑钙土、风沙土、盐碱土等土壤类

图 2-4　北斗农机无人驾驶系统应用于黑龙江省大田作物耕种管收全过程

图片来源：中国科学院微电子研究所提供

型。二是黑土区肥沃耕层构建技术模式。农业农村部建立了该技术的农业行业标准《东北黑土区旱地肥沃耕层构建技术规程》，中国科学院等科研机构建立了黑土地肥沃耕层的指标体系。东北区域黑土地建立了玉米、大豆高产高效的保育模式。三是黑土地水土保持技术模式。2003 年国家启动了"东北黑土区水土流失综合防治试点工程"，进入科学开展大规模东北黑土地水土保持建设阶段。2009 年水利部颁布了东北黑土区首个水利行业标准《黑土区水土流失综合防治技术标准》（SL 446—2009）。四是中国科学院依托东北黑土区已有的野外观测台站，在松嫩平原、三江平原建立了松嫩平原中南部保护性耕作示范区、松嫩平原北部肥沃耕层构建技术示范区、松嫩平原黑土侵蚀防治示范区、高光效新型栽培技术示范区、松嫩平原西部风沙盐碱修复示范区五个示范区（图 2-5），系统开展了千亩级、万亩级示范，对不同类型黑土地保护与可持续利用起到了重要的技术辐射作用。根据中国科学院海伦农业生态实验站监测研究，肥沃耕层构建技术示范区的玉米和大豆每公顷平均产量分别为 9336kg 和 3800kg，比常规耕作方式每公顷增产了 10.5% 和 11.3%，促进耕层厚度恢复至 30cm 以上，肥沃耕层构建技术已列入黑龙江省农业农村厅农业技术推广项目。2017 年中国科学院沈阳生态实验站保护性耕作监测表明，与常规垄作相比，秸秆覆盖还田免耕在培肥地力的同时，仍能够维持较高的作物产量，提高经济效益。例如，保护性耕作比常规垄作增产约 1000kg/hm² ，每公顷节省成本 1650 元、总节本增效 3050 元（表 2-3）。

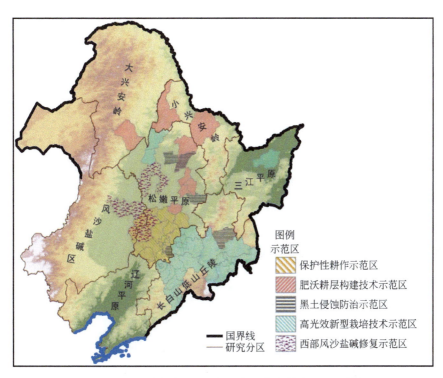

图 2-5　中国科学院 5 个黑土地保护修复技术示范区分布

注：据中国科学院东北地理与农业生态研究所示范区辐射分布绘制

表 2-3　保护性耕作与常规垄作节本增效分析　　　　　（单位：元/hm²）

耕作方式	联合整地	播种及田间管理	病虫草害	机收到家
保护性耕作	100	400	440	900
常规垄作	1100	1050	440	900

数据来源：中国科学院沈阳生态实验站

专栏 1：东北黑土区保护性耕作技术体系

保护性耕作技术体系是东北黑土区恢复和培肥地力的重要技术措施之一。

技术环节：秸秆覆盖还田情况下，少免耕播种施肥、秸秆残茬管理、病虫草害防控、深松与表土作业等。

主要技术模式：秸秆覆盖还田免耕、宽窄行秸秆全覆盖还田免耕/宽窄行留茬交替休闲种植、秸秆覆盖条带耕作/秸秆旋耕全量还田等。

技术效果：有效利用作物秸秆，解决焚烧秸秆造成环境污染问题，具有固土效益（风蚀水蚀"双减"）、蓄水保墒效益（每年土壤多蓄纳降水 60～80mm）、保肥效益（提升黑土有机质 17% 和养分供给能力）、固碳减排效益（土壤 CO_2 排放量下降 10%）和增加土壤生物多样性（物种丰富度提高 10%～20%）。与传统耕作相比，可减少 50%～60% 的田间作业次数，从而显著降低生产成本，使广大农户获得更高的经济效益。

专栏 2：东北黑土区肥沃耕层构建技术模式

肥沃耕层构建技术模式是东北黑土区保护利用的关键技术之一。

技术环节：采用深翻和深混等机械作业方式，将 0～35cm 土层旋转 60°～120°，同时将秸秆和有机肥深混于 0～35cm 土层中进行肥沃耕层构建。

主要技术模式：肥沃耕层构建技术模式。

技术效果：解决了玉米秸秆全量还田的技术瓶颈。耕层厚度增加至 30cm 以上，土壤有机质、速效磷和速效钾含量分别提高了 9.1%、9.3% 和 13.7% 以上，土壤培肥效果显著。土壤容重下降了 15.0%，孔隙度增加了 7～10 个百分点，团聚体增加了 27.2%，土壤结构优化明显。玉米和大豆分别增产 10.5% 和 11.3% 以上，作物增产效果突出。

专栏 3：东北黑土区水土保持技术模式

水土保持技术模式是东北黑土区坡耕地侵蚀防治的有效措施之一。

技术环节：坡耕地水土保持措施主要有等高改垄（<3°）、地埂植物带（3°～5°）、梯田（>5°）坡面水土保持工程措施，秸秆覆盖条耕、大垄、垄沟苗期深松、垄向区田等。侵蚀沟防治措施主要有沟头跌水、沟底谷坊和沟坡护岸等工程措施及生态植被恢复。

主要技术模式：侵蚀沟治理主要有工程措施为主植物为辅、植物为主工程措施为辅、植物和复垦四种模式。

技术效果：坡耕地实施水土保持措施后土壤侵蚀可降低80%以上，耕层土壤有机质含量以年均5.4‰速率增加，等高改垄、地埂植物带、梯田粮食分别增产10%、15%、20%。治理后的侵蚀沟稳定，完全被林草所覆盖，填埋复垦后的侵蚀沟消失，地块完整，生态环境显著改观。

五、保护规划和行动计划得到重视

2015年开始，农业农村部启动了第一批黑土地保护利用试点项目，在东北四省区17个产粮大县开展黑土地保护利用试点。2017年农业农村部、国家发展和改革委员会、财政部等六部门联合印发了《东北黑土地保护规划纲要（2017—2030年）》，进一步明确了黑土地保护的总体要求、重点任务、技术模式等。2018年为进一步推进黑土地保护利用工作，农业农村部启动了第二批黑土地保护利用试点项目，涵盖东北四省区31个县（市、区）；黑龙江省人民政府印发了《黑龙江省黑土耕地保护三年行动计划（2018—2020年》。2020年农业农村部、财政部联合印发《东北黑土地保护性耕作行动计划（2020—2025年)》，部署在适宜区域全面推广应用保护性耕作，促进东北黑土地保护和农业可持续发展。截至2020年底，黑龙江省、吉林省、辽宁省、内蒙古自治区实施保护性耕作面积分别达到80万 hm^2、123.5万 hm^2、53.3万 hm^2、50.6万 hm^2，形成了吉林省四平市梨树县国家百万亩绿色食品原料（玉米）标准化生产基地核心示范区等一批先进典型，将黑土地保护利用的工作推向了新的台阶。

第三章 | 黑土地地表赋存环境现状

中国东北黑土区地表赋存环境复杂多样，其地形呈三面环山、中间平地的盆地轮廓，拥有低平起伏的地势，适宜规模化耕种。区域内分布着山地、平原、丘陵和台地等各种地貌类型，形成独特的地形格局；自然生态条件优越，拥有大片天然林区，包括以落叶松、红松为主的森林生态系统，以及广泛分布的湖泊湿地、草地生态系统。然而，近年来森林总面积呈减少趋势，草地退化问题突出。水资源总量略有增加，但地均水资源相对稀缺，农业水资源需求大幅增长，部分地区出现地下水位下降。在区域环境方面，土壤、水、大气环境质量整体良好，实施的一系列环保工程，使得东北黑土地成为环境保护与农业绿色发展的坚实基础。

第一节　区域地形地貌

东北黑土区地形呈三面环山、中间平地的盆地轮廓，整体地势相对低平，起伏不大，适宜规模化耕种的土地面积广大。西部大兴安岭、北部小兴安岭、东部长白山构成了典型的周边山地、中间平地的格局，区内海拔高差约2700m。中部由松嫩平原、三江平原与辽河平原共同构成了我国面积最大的东北平原，平均海拔 50~200m，是优质黑土地的集中分布区。平原周边为山麓洪积冲积平原和台地，平均海拔 200m 以上。北部小兴安岭多为低山丘陵，平均海拔 400~600m；西部的大兴安岭平均海拔 600~1000m；东南部的长白山地丘陵区平均海拔 500m 左右。区内山地、平原、丘陵和台地主要地貌类型的面积大致相当，分别占比为 25.5%、29.1%、23.5% 和 21.9%（图 3-1）。

根据坡耕地水土保持坡度分级方案，将东北黑土区地形坡度划分为 9 个等级（图 3-2）。低于 7° 的平原和斜坡的面积占黑土区土地总面积的 74.38%。其中，0.25°~0.5°、0.5°~1° 和 1°~2° 坡度带面积较大，分别占黑土区土地总面

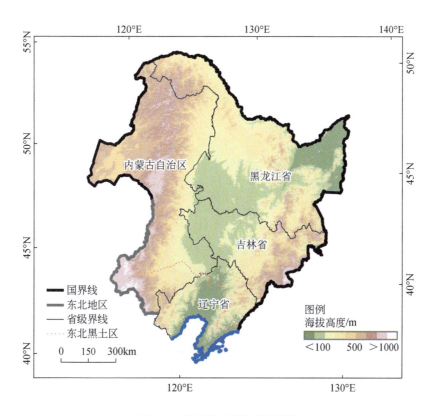

图 3-1 东北黑土区地形地貌图

积的 13.01%、13.16% 和 12.58%；其次为 2°~3°、5°~7° 坡度带，面积占比分别为 8.29%、8.70%；≤0.25°、3°~4° 和 4°~5° 坡度带的面积占比相对较小，分别为 7.03%、6.34% 和 5.26%。

东北黑土区耕地主要分布在坡度 7° 以下的区域。9.81% 的耕地分布在 ≤0.25° 的平原地区，21.16% 的耕地分布在 0.25°~0.5° 坡度带，22.13% 的耕地分布在 0.5°~1° 坡度带，17.46% 的耕地分布在 1°~2° 坡度带，9.45% 的耕地分布在 2°~3° 坡度带，3°~4°、4°~5° 和 5°~7° 坡度带的耕地面积分别占黑土区总耕地面积的 6.00%、3.99% 和 4.84%。仅有 5.16% 的耕地分布在大于 7° 的坡度带（图 3-2）。东北黑土区雨热同季、降水集中，加上黑土表层松软，坡度大于 0.5°，耕地就存在土壤水力侵蚀风险，坡度越大侵蚀风险越高。

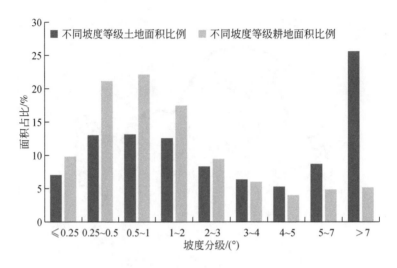

图 3-2　东北黑土区不同坡度等级土地及耕地面积分布情况

第二节　自然生态条件

东北黑土区自然生态本底条件优越，拥有面积较大、功能完整的森林生态系统、湿地生态系统和草地生态系统。它们既是黑土地成土与演化的物质基础，也是黑土地可持续利用的自然生态本底条件。

一、森林生态系统及其特征

森林生态系统是孕育黑土地的源泉，也是保护黑土地的天然屏障。东北黑土区是我国最大的天然林区，森林面积广大，主要分布在大兴安岭、小兴安岭和长白山（图3-3）。大兴安岭以落叶松为主，小兴安岭与长白山林区主要为红松林和针阔叶混交林。

20 世纪 90 年代末以来，东北黑土区实施天然林保护、退耕还林、防护林建设等一系列生态工程，人工林面积呈增长趋势，但森林总面积仍呈减少趋势。中国科学院遥感监测数据显示，东北黑土区 2020 年林地面积 4526.41 万 hm^2（67 896.15 万亩），占全国林地总面积的 20.02%，比 1990 年减少了 286.36 万 hm^2（4295.40 万亩）。第八次全国森林资源清查数据显示，东北地

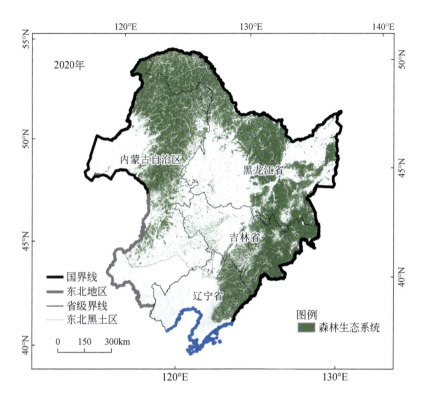

图 3-3　东北黑土区森林生态系统空间分布

区的森林以次生林为主，占比约 70%，且多数处于次生演替的初、中级阶段，其中幼龄林占 21.9%，中龄林占 34.8%。原始森林面积占比已不足 7%。

二、湿地生态系统及其特征

东北黑土区湿地涵盖湖泊湿地、河流湿地、沼泽湿地、滩涂湿地及人工湿地等多种类型，广泛分布于大兴安岭、小兴安岭、长白山、三江平原、松嫩平原等地区（图 3-4）。湿地与农田交错分布，具有防旱排涝、净化环境、控制水土流失等重要生态功能，是黑土耕地的生态安全屏障。

遥感监测数据显示，1990～2010 年东北黑土区湿地面积呈持续减少趋势，20 年共减少了 76.96 万 hm^2（1154.40 万亩）。自 21 世纪初，东北黑土区持续推进退耕还湿、退养还湿等生态工程，湿地生态系统逐渐恢复，湿地面积呈现增加趋势，生物多样性显著增加，退化趋势明显逆转。2020 年东北黑土区湿

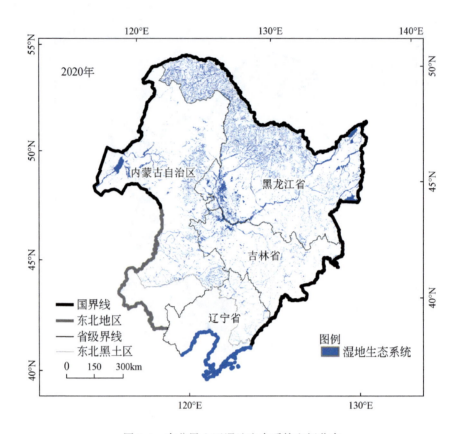

图 3-4　东北黑土区湿地生态系统空间分布

地面积达到 769.39 万 hm² (11 540.85 万亩)，比 2010 年增加了 118.22 万 hm² (1773.30 万亩)。

目前，东北地区现有国家级湿地自然保护区 20 余处，其中黑龙江扎龙国家级自然保护区、吉林向海国家级自然保护区等 18 处被列入国际湿地公约保护区名录，约占全国湿地保护区名录的三分之一。

三、草地生态系统及其特征

东北黑土区草地主要包括科尔沁草地、呼伦贝尔草地和松嫩草地三部分，共同构成我国北方重要的防风固沙带，防治耕地土壤侵蚀与退化（图 3-5）。东北黑土区自然降水条件相对较好，草地生态系统植被生物多样性丰富、生产潜力较大。

遥感调查结果显示，2020 年东北黑土区草地总面积 1879.49 万 hm²

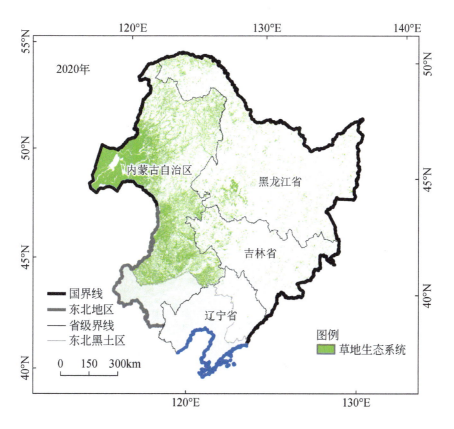

图 3-5 东北黑土区草地生态系统空间分布

（28 192.35 万亩），比 1990 年减少了 267.93 万 hm² （4018.95 万亩），草地占黑土区土地面积的比例由 19.80% 下降至 17.35%。草地面积减少的区域主要分布在内蒙古自治区东南部、吉林省西部和黑龙江省西南部。同时，东北黑土区草地退化问题较为突出。调查数据表明，呼伦贝尔草地约 42% 面积出现不同程度的退化。草地生态系统退化将导致土壤侵蚀风险加剧。

第三节 农业水资源状况

一、水资源总量小幅增加

根据东北地区水资源公报数据，2000～2020 年该区域水资源总量、地表水资源量和地下水资源量年平均值分别为 1910.91 亿 m³、1608.64 亿 m³ 和

623.95 亿 m³，水资源总量小幅增加（图3-6）。地表水资源量与水资源总量变化基本一致，地下水资源量稳定在 500 亿 m³ 左右。2000~2020 年，黑龙江省水资源总量年均增加 31.35 亿 m³，吉林省、辽宁省和内蒙古自治区东四盟增速分别为 7.97 亿 m³/a、1.13 亿 m³/a 和 6.39 亿 m³/a。

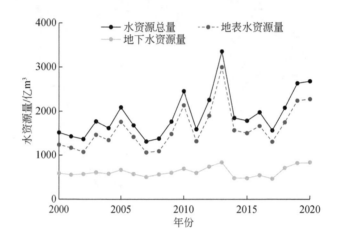

图3-6　2000~2020 年东北地区水资源量变化

二、农业水资源需求量大幅增长

东北黑土区水资源量相对稀缺。黑龙江、吉林和辽宁三省地均水资源量和地均灌溉量分别只有 7572.04m³/hm² 和 1405.44m³/hm²，仅为全国平均水平的 30.63% 和 26.32%。近 20 年东北地区用水总量呈大幅增加趋势，其中农业灌溉用水量增幅最大。2020 年东北地区用水总量和农田灌溉用水量分别为 648.03 亿 m³ 和 471.61 亿 m³，较之 2000 年分别增加 15.28 亿 m³ 和 78.06 亿 m³，增幅分别为 2.41% 和 19.83%。农田灌溉用水量在用水总量中的占比也由 62.20% 增至 72.78%。2020 年，黑龙江省、吉林省、辽宁省和内蒙古自治区东四盟的农田灌溉用水量分别为 271.48 亿 m³、76.89 亿 m³、71.49 亿 m³ 和 51.75 亿 m³，农田灌溉用水量在用水总量中占比分别为 86.4%、65.30%、52.32% 和 65.08%。

三、部分地区出现地下水位下降问题

随着耕地垦殖面积扩大和灌溉用水的增加，部分地区出现了地下水位下降问题。松嫩平原、三江平原、辽河平原等部分地区地下水位出现不同程度下降。以三江平原为例，20世纪六七十年代以来，水稻种植面积大幅增加，过量开采地下水用于灌溉水稻，导致地下水位下降。建三江二道河农场站点监测数据表明，该区域1990~2020年地下水位由37.9m下降至46.3m。

第四节 区域环境质量

东北黑土区环境质量总体处于良好状态，近年来区内土壤、水、大气环境质量进一步改善，为黑土地保护与农业绿色发展奠定了坚实环境基础。

一、土壤环境质量状况

东北黑土区土壤环境质量整体状况良好，尤其是三江平原、松嫩平原土壤质量状况良好。2020年，东北各省区开展了耕地周边涉镉等重金属重点行业企业排查整治行动，治理耕地周边工矿污染源，切断镉等重金属进入农田途径。与2013年相比，重点行业的重点重金属排放量下降了10%。

东北黑土区已按照《土壤污染防治行动计划》完成农用地土壤环境质量类别划分，并根据划分结果对污染农用地进行分类分级风险管控。2020年黑龙江省农用地优先保护类占比达99.87%，东北三省受污染耕地安全利用率达到92%以上。

在农业化学物质的减施方面，通过实施农作物病虫害绿色防控补贴政策，推广物理防治、生物防治为主的绿色防控技术模式，大幅度减少化肥和农药使用量，降低了农田面源污染。

二、水环境质量状况

近年来，东北黑土区水环境质量明显改善，水库和集中式生活饮用水水源地水质整体保持良好，河流水质持续改善向好，国控断面（国家地表水考核断面）水质同比显著提升。"十三五"期间，东北三省水环境质量不断提升，水质状况由"十二五"末期的轻度污染转为良好，国控断面达到或好于Ⅲ类水质断面比例呈上升趋势；劣Ⅴ类水质断面比例呈下降趋势。2020年监测数据显示，吉林省监测断面Ⅰ～Ⅲ类水质占比达到79.5%，辽宁省监测断面Ⅰ～Ⅲ类水质占比达到74.4%，黑龙江省监测断面Ⅰ～Ⅲ类水质占比达到70.1%。

三、大气环境质量状况

《2020中国生态环境状况公报》数据显示，东北黑土区大气环境良好，城市空气环境质量持续向好。与2015年相比，可吸入颗粒物（PM_{10}）、二氧化硫和二氧化氮浓度、酸雨发生率等大气环境指标均有所改善。东北地区优良天数比例为90%左右，高于全国平均水平，重度及以上污染天数比例为1.1%～1.3%。可吸入颗粒物年均浓度为46～64μg/m³，二氧化硫平均浓度为11～16μg/m³，酸雨发生率为0～0.8%。其中，内蒙古自治区呼伦贝尔地区、黑龙江省空气质量总体优于其他区域，辽宁省老工业基地片区大气污染相对严重，但近年来也明显改善。

第四章 ｜ 黑土地开发利用现状特征

第一节 过去 20 年东北黑土地利用变化

受人类长期干预及全球增暖的影响，全球黑土地的土地利用、土壤侵蚀、有机质和养分元素、土壤结构和蓄水能力等均发生了变化。东北黑土地出现了与世界其他黑土地相似的变化特征，同时也存在部分差异性的变化特点。

一、耕地增速趋缓，森林面积增加

遥感监测结果表明，2010～2020 年耕地面积仍呈增长趋势（图 4-1），但比 1990～2010 年增幅收窄。2000～2020 年东北黑土地农田内部结构发生了显著变化，水田比例由 2000 年的 10.3% 增加到 2020 年的 13.4%，旱田比例由 2000 年的 89.7% 降低到 2020 年的 86.6%（图 4-2）。同期森林面积持续增加；2000～2010 年东北黑土地森林面积从 4619 万 hm^2 增加到 4643 万 hm^2，扭转了 1990～2000 年森林面积减少的趋势。2010～2020 年森林面积持续增加 10 万 hm^2，但仍然没有恢复到 1990 年时的森林面积。湿地面积持续减少，但下降速度减缓。2000～2010 年湿地面积从 801 万 hm^2 减少到 766 万 hm^2。2010～2020 年湿地面积持续减少，但减少速率仅为 2000～2010 年的 50%，湿地面积减少区主要分布在黑龙江省三江平原和松嫩平原地区。草地面积下降速度加快。2000～2010 年草地面积从 1432 万 hm^2 减少到 1417 万 hm^2，2010～2020 年草地面积持续减少 19 万 hm^2（图 4-3）。草地面积减少区分布在内蒙古自治区东部呼伦贝尔和黑龙江省西部松嫩平原区域。

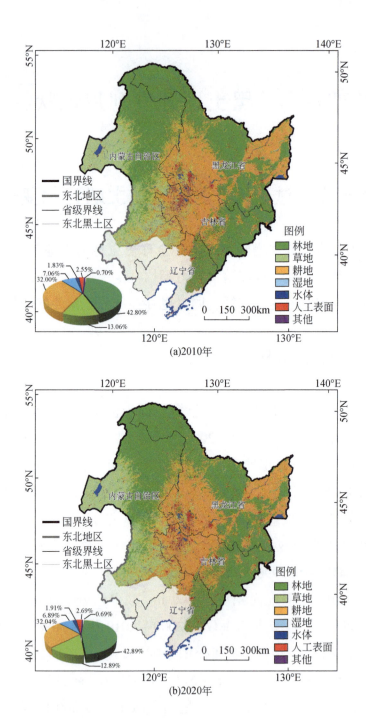

图 4-1　2010~2020 年东北黑土地不同土地利用类型空间分布图

注：基于卫星遥感数据解译

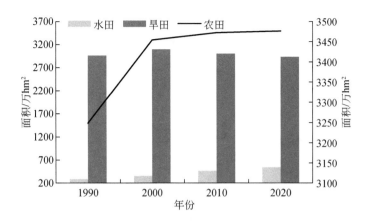

图 4-2　1990～2020 年东北黑土地农田内部结构变化图

注：基于卫星遥感数据解译

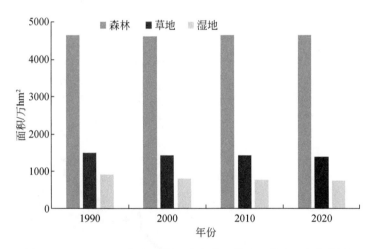

图 4-3　1990～2020 年东北黑土地森林、草地、湿地面积变化图

注：基于卫星遥感数据解译

二、坡地开垦导致土壤侵蚀加剧

据《中国水土保持公报（2019 年）》数据，东北黑土地水土流失面积为 21.87 万 km²，占黑土地总面积的 20.06%。水土流失主要来源于 3°～15°坡耕地，占黑土地水土流失总面积的 46.39%；其中 60% 以上的旱作农田发生了水土流失问题，黑土层正以年均 0.1～0.5cm 的速度剥蚀流失。东北黑土地的土

壤侵蚀具体包含以下特点。

（1）水蚀主要发生在坡耕地（图 4-4）。其中坡面上中部以侵蚀为主，而坡面下部和坡脚以沉积为主。坡度每增加 1°，年均土壤侵蚀强度可增加 $1000t/km^2$。

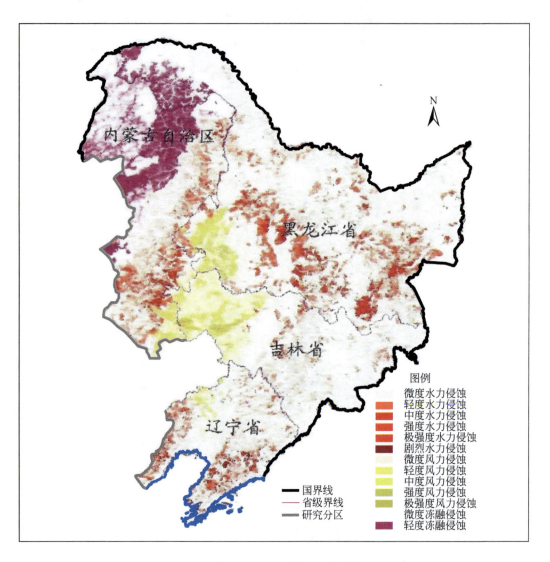

图 4-4　东北黑土地不同水蚀强度分布图

（2）风蚀对农田土壤退化有重要影响。受风蚀影响的面积约占黑土地面积的 11.1%，年均风蚀厚度 0.5～1.0mm，占总侵蚀量的 20%～30%。

（3）农田土壤侵蚀对土壤肥力造成严重破坏。平均坡度 3° 的坡耕地，因土壤侵蚀造成每年每公顷流失氮磷 180～240kg、钾 360～480kg，相当于流失农家肥 7500 ~ 15 000kg。水利部水土流失动态监测结果显示，部分地区黑土层厚度已由 20 世纪 50 年代的 60 ~ 80cm 下降到当前的 20 ~ 40cm。玉米产量随黑土厚度减小呈明显下降趋势，每侵蚀 1cm 黑土层，玉米减产 123.7kg/hm²，20cm 黑土厚度是维持玉米产量的最小黑土层厚度。

（4）侵蚀沟发展已造成耕地破碎化。东北黑土地分布长度百米以上的侵蚀沟 29.17 万条，主要分布在漫川漫岗和低山丘陵地区，其中 88.67% 的侵蚀沟处于发展状态，如乌裕尔河-讷谟尔河流域 2015 年侵蚀沟的条数是 1965 年的 5 倍多。东北黑土地侵蚀沟已累计损毁耕地 33.3 万 hm²，侵蚀沟年均造成粮食损失 280 多万吨。

三、土壤有机质与养分元素衰减

监测数据显示，东北黑土地仍存在黑土变"瘦"现象。近 60 年，黑土耕作层土壤有机质含量下降了 1/3，部分地区下降了 50%。1980 ~ 2011 年，东北黑土地是我国旱地土壤有机碳唯一表现为下降趋势的地区，表层土壤有机碳储量每公顷平均下降了 0.41t。已有研究表明，黑土地开垦最初 20 年有机质含量下降约 30%，40 年后下降 50% 左右，70 ~ 80 年后下降 65% 左右，进入一个相对稳定期。此后黑土有机质下降缓慢，平均有机碳含量年下降速度低于 2‰，每 10 年下降 0.6 ~ 1.4g/kg。据估算，与 1981 年的第二次全国土壤普查结果（34.6g/kg）相比，2011 年典型黑土区海伦市农田黑土平均有机碳含量下降 4.0g/kg（图 4-5），近 30 年黑土表层有机碳含量下降 12%，其中厚层黑土土壤有机碳含量下降最快（22%）。

长期耕作导致土壤微生物活性大幅降低，不利于土壤中有效养分的转化。研究表明，开垦 20 年内表层黑土土壤有机碳的稳定性（以惰性有机碳与活性有机碳的比值 Kos 表示）呈上升趋势，之后相对稳定；亚表层 Kos 值也呈增加趋势；并且随开垦年限的延长，较为活跃的游离态和结合态土壤有机碳含量比例不断减少。黑土开垦后微生物残留物对土壤有机碳的贡献下降，在开垦 5 年、15 年、25 年后，真菌和细菌残留物对土壤有机碳的贡献分别为 71%、59%、55% 和 17%、16%、15%。中国科学院沈阳生态实验站监测数据显示，2004 ~ 2015 年土壤微生物量碳含量下降约 70%。

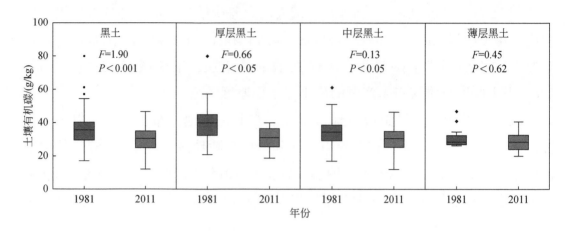

图 4-5　近 30 年（1981～2011 年）海伦市农田土壤有机碳变化

注：中国科学院东北地理与农业生态研究所提供数据

中国科学院海伦农业生态实验站监测数据显示，在玉米—大豆—小麦轮作系统中，长期（35 年）施用化肥条件下，土壤有机质含量下降 14.6%（图 4-6），而化肥和有机肥配施显著增加土壤有机质含量（14.0%）。中国科学院东北地理与农业生态研究所保护性耕作试验监测数据显示，玉米秸秆覆盖免耕条件下，前 8 年土壤有机质含量与传统耕作相比无显著差异；但从第 9 年开始，免耕土壤有机质含量较传统耕作土壤有明显提升（16%）（图 4-6b）。

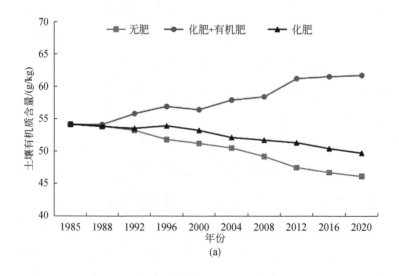

(a)

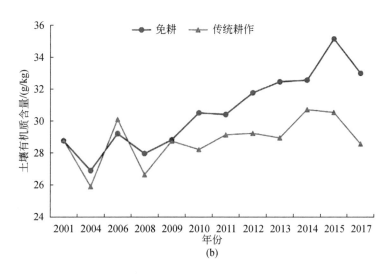

图4-6　不同管理措施下东北黑土地农田土壤有机质动态变化

数据来源：中国科学院海伦农业生态实验站观测数据

在松嫩平原中层黑土区大豆—玉米轮作系统中，在不施肥条件下（control），经过15年的传统耕作土壤有机碳含量轻微降低；施用化肥条件下（NPK）土壤有机碳含量小幅增加；而在秸秆全量还田配施化肥条件下（NPKS）土壤有机碳含量增加15.2%，年均递增幅度为9.5‰（图4-7）。

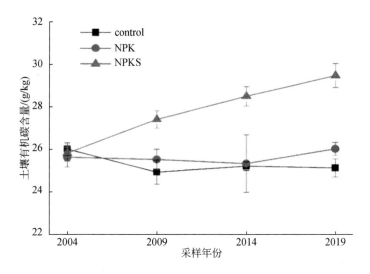

图4-7　2004～2019年不同施肥方式下黑土有机碳含量的变化

数据来源：中国科学院海伦农业生态实验站观测数据

第二节　东北黑土地利用现状特征

一、东北地区土地利用总体情况

根据第三次全国国土调查及其变更数据，东北地区 2022 年土地利用现状呈现如下特征：在 2022 年东北地区土地利用情况的综合分析中，湿地面积达到 675.71 万 hm^2，占东北地区总土地面积的 6.24%。尽管规模相对较小，但湿地在维护生态系统和保护生物多样性方面仍然具有显著的重要性。耕地是该地区土地利用的主要组成部分，总面积为 3738.14 万 hm^2，占比高达 34.51%，凸显了东北地区农业在支持粮食生产和推动农业经济发展中的关键作用。相对而言，园地虽然规模相对较小，总面积为 72.71 万 hm^2，占比仅为 0.67%，但其对果树种植和农业多样化的贡献仍然显著。林地在东北地区占有 50.05% 的土地面积，总计 5421.13 万 hm^2，凸显了该地区丰富的森林资源。这不仅对于维持生态平衡至关重要，同时也为木材生产和生态旅游提供了丰富的资源基础。城镇村及工矿用地总面积为 407.14 万 hm^2，占东北地区总土地面积的 3.76%，反映了城市化和工业化对土地利用的显著影响，同时也呈现出该地区的经济发展和人口迁移趋势。交通运输用地和水域及水利设施用地分别占据 1.39% 和 3.37% 的土地面积，分别为 150.74 万 hm^2 和 365.43 万 hm^2，凸显了东北地区在基础设施和交通网络发展以及水利工程和水资源管理方面的积极投资（图 4-8）。

总体而言，东北地区呈现出多样化的土地利用格局，反映了对生态保护、农业生产、工业发展和城市化等多方面需求的平衡追求，为未来的可持续发展奠定了坚实的基础。

二、分省区土地利用现状分析

根据第三次全国国土调查及其变更数据，2022 年黑龙江省土地利用情况呈现出多样性和平衡性。林地是主要的土地类型，占黑龙江省总面积的

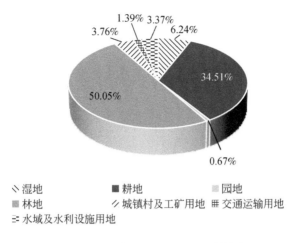

图 4-8　2022 年东北地区土地利用结构占比

47.25%，总计 2163.48 万 hm²，彰显了该省在生态保护和森林资源管理方面的重要努力。大面积的林地有助于维持生态平衡，保护野生动植物多样性，并提供木材等重要资源。耕地是另一主要土地类型，占总土地利用的 37.42%，总面积达 1713.13 万 hm²。这反映了农业在该省经济中的重要地位，表明黑龙江省在粮食和农产品生产方面具有较大的潜力，为满足本地和周边地区的粮食需求提供了坚实基础。水域及水利设施用地占土地总面积的 3.77%，总计 172.4 万 hm²。这表明该省注重水资源管理和利用，通过水利设施的建设，有望更有效地保障农业和城市用水需求。城镇村及工矿用地占比为 2.57%，面积为 117.63 万 hm²，反映了该地区城市化和工业化的发展水平。城镇建设和工矿用地的需求逐渐增加，凸显了社会经济的发展。其他土地类型，如湿地、园地、交通运输用地，虽然占比较小，但同样在维持区域生态平衡和社会经济发展中发挥着重要作用（图 4-9）。综合而言，黑龙江省 2022 年的土地利用情况全面考量了生态保护、农业发展、水资源管理以及城市工业化等方面，凸显了该省在多个领域取得的平衡和进展。

根据第三次全国国土调查及其变更数据，2022 年吉林省的土地利用情况显示，其总土地面积达 1832.19 万 hm²。主要土地利用类型包括耕地、林地和城镇村及工矿用地，分别占总面积的 40.63%、48.02% 和 4.70%。耕地占据重要地位，总面积为 744.43 万 hm²，反映了吉林省在农业生产方面的关键性。林地也占据显要地位，总面积达 879.72 万 hm²，凸显了该省在生态保护和森

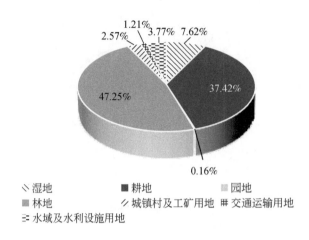

图 4-9   2022 年黑龙江省土地利用结构占比

林资源管理上的积极努力。城镇村及工矿用地虽占比较小，但总面积达 86.18 万 hm^2，凸显了城市建设和工业发展对土地利用的重要性。其他类型土地如湿地、园地、交通运输用地、水域及水利设施用地虽占比较小（分别为 1.22%、0.51%、1.49% 和 3.43%）（图 4-10），但在维护生态平衡、保护水资源和支持交通运输方面发挥着关键作用。总体而言，吉林省在土地利用方面取得了一定成就，保持了农业、生态和经济发展的平衡。然而，随着社会经济的不断发展，土地资源的合理利用和保护仍是亟须持续关注和努力的重要议题。

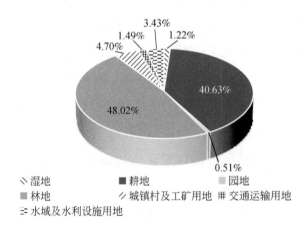

图 4-10   2022 年吉林省土地利用结构占比

根据第三次全国国土调查及其变更数据，2022 年，辽宁省土地利用呈现出多元而合理的特征。首先，耕地面积占辽宁省总土地面积的 35.98%，达到

515.67 万 hm²，凸显了辽宁省对农业的关注和支持。这不仅反映了辽宁省粮食生产的坚实基础，更彰显了农业在土地利用中的重要地位。其次，林地面积占总土地面积的 41.80%，达到 598.96 万 hm²，表明辽宁省在生态保护和森林资源管理方面取得了显著成就。这体现了对丰富林木资源的保护和合理利用，为生态平衡的维护贡献了力量。园地面积占总土地面积的 3.70%，达到 53.01 万 hm²，反映了辽宁省对农业多样化和特色农业的支持。这有助于提升地方经济的多元性，促进农业的可持续发展。城镇村及工矿用地有 134.53 万 hm²，占比为 9.39%，表明辽宁省在城市化和工业化方面取得了一定进展。这为城市和工业的发展提供了充足的用地资源，推动了地区经济的繁荣。交通运输用地占比 2.18%，达到 31.21 万 hm²，反映了辽宁省在基础设施建设和交通发展方面的投入。这对促进地区经济的繁荣发挥了关键作用。水域及水利设施用地占比 4.89%，达到 70.1 万 hm²，反映了辽宁省在水资源管理和水利设施建设上的努力。这为水资源的有效利用提供了支持，维护了地区的生态平衡。最后，湿地占比 2.06%，达到 29.59 万 hm²，凸显了辽宁省对生态环境保护的努力（图 4-11）。湿地的保护对于维护生态平衡和生物多样性具有重要意义。总体而言，辽宁省在 2022 年的土地利用中全面考虑了农业、生态环境、城市建设和工业发展等多个方面的需求，实现了土地资源的合理配置和综合利用。这为辽宁省的可持续发展奠定了坚实的基础。

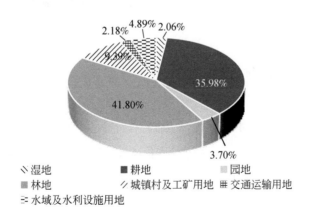

图 4-11　2022 年辽宁省土地利用结构占比

根据第三次全国国土调查及其变更数据，其中 2022 年内蒙古自治区东四盟的土地利用情况如下。耕地总面积为 764.91 万 hm²，占据了地区总土地面积的 25.60%。林地是占比最大的类型，总面积达 1778.97 万 hm²，占比为 59.55%，显示了该地区对生态系统保护的重视。湿地和水域及水利设施用地占比分别为 9.21% 和 2.01%，面积分别为 275.09 万 hm² 和 60.01 万 hm²。园地面积相对较小，仅为 2.85 万 hm²，占比约为 0.10%。城镇村及工矿用地和交通运输用地占比分别为 2.30% 和 1.23%，面积分别为 68.8 万 hm² 和 36.8 万 hm²（图 4-12）。总体而言，内蒙古自治区东四盟地区在 2022 年保持了相对多样化的土地利用模式，着重于保护和发展生态环境，拥有广阔的林地面积，耕地面积也相对可观。城镇村及工矿用地以及交通运输用地所占比例较小，可能显示出该地区在城市化和工业化方面相对保守的发展态势。

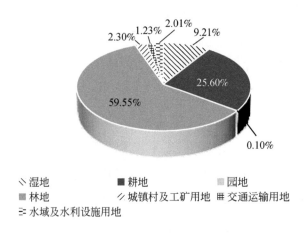

图 4-12　2022 年内蒙古自治区东四盟土地利用结构占比

三、黑土耕地利用结构现状

根据第三次全国国土调查及其变更数据，本节对东北地区的耕地内部结构进行了深入研究和综合分析，研究覆盖了辽宁省、吉林省、黑龙江省以及内蒙古自治区东四盟地区，系统总结了水田、水浇地、旱地这三个主要类型的关键数据，以及它们在总耕地面积中的占比。

（一）水田面积及占比情况

在辽宁省，总耕地面积为 515.67 万 hm²，其中水田面积达到 64.69 万

hm²，占比为 12.54%。吉林省的总耕地面积为 744.43 万 hm²，水田占 99.98 万 hm²，占比 13.43%。黑龙江省的总耕地面积为 1713.13 万 hm²，水田面积高达 478.5 万 hm²，占比达 27.93%。内蒙古自治区东四盟的水田面积虽相对较小，占耕地总面积的 2.08%，但总体水田面积达到 15.92 万 hm²（图 4-13）。

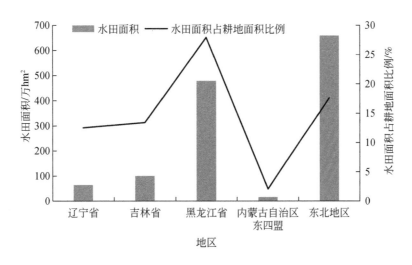

图 4-13　2022 年东北各地区水田面积及其占耕地面积比例

（二）水浇地面积及占比情况

辽宁省水浇地面积占比为 3.80%，总面积为 19.62 万 hm²。吉林省的水浇地面积相对较小，仅占总耕地面积的 0.55%，面积为 4.07 万 hm²。黑龙江省的水浇地面积为 7.18 万 hm²，占比为 0.42%。而内蒙古自治区东四盟的水浇地面积占耕地总面积的 40.50%，总面积高达 309.78 万 hm²（图 4-14）。

（三）旱地面积及占比情况

辽宁省的旱地面积为 431.36 万 hm²，占比为 83.66%。吉林省旱地面积占总耕地面积的 86.02%，面积达到 640.37 万 hm²。黑龙江省的旱地面积占耕地总面积的 71.65%，面积达到 1227.44 万 hm²。内蒙古自治区东四盟的旱地面积为 439.2 万 hm²，占比为 57.42%（图 4-15）。

总体而言，东北地区的耕地内部结构呈现出明显的异质性。黑龙江省以其广泛的水田面积脱颖而出，而辽宁省则以相对较高的旱地面积占比为特征。各

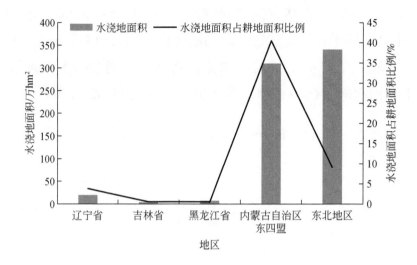

图 4-14　2022 年东北各地区水浇地面积及其占耕地面积比例

地水浇地的面积相对较小，显示出在整个东北地区，水浇地在耕地结构中的贡献相对较低。这些数据为我们更好地理解东北地区的农业格局提供了重要参考。

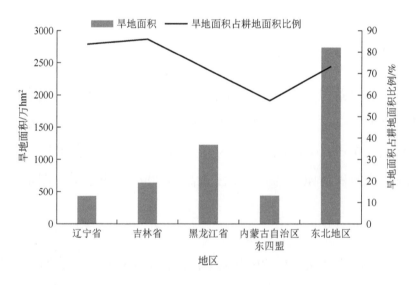

图 4-15　2022 年东北各地区旱地面积及其占耕地面积比例

第三节　农田基础设施与科技支撑条件

一、农田基础设施

农田设施与科技投入是农业生产的重要条件，也是加强黑土地保护的根本措施。随着农业投入力度的加大，东北黑土区农田基础设施建设逐步完善，农业科技支撑能力显著增强，保护性耕作技术推广面积持续扩大，国家黑土地保护工程实施取得了初步实效。

（一）农田灌溉设施

东北黑土区农业水土资源空间分配不均衡，既有风调雨顺的旱涝保收田，也有靠天吃饭的旱地"望天田"。兴修农田水利设施是提高粮食产量和农业效益的关键措施。资料显示，2020 年，黑龙江省有效灌溉农田面积 617.16 万 hm^2（9257.40 万亩），占耕地面积的 36.03%，是 1980 年有效灌溉面积的 10 倍多；吉林省有效灌溉农田面积 193.41 万 hm^2（2901.15 万亩），占耕地面积 25.98%，是 1980 年的 2.65 倍；辽宁省有效灌溉农田面积 161.93 万 hm^2（2428.95 万亩），占耕地面积 31.40%，比 1980 年增加 1.15 倍（图 4-16）。但总体来看，当前东北地区有效灌溉农田面积占比远低于全国平均水平（54.07%），农田水利设施仍需要完善提升。

针对水资源紧缺与农业用水量不断增加的突出矛盾，东北地区大力发展节水灌溉，持续推进节水增粮行动。资料显示，2019 年，黑龙江省节水灌溉面积 220.04 万 hm^2（3300.60 万亩），节水灌溉率 35.62%；吉林省节水灌溉面积 82.11 万 hm^2（1231.65 万亩），节水灌溉率 42.36%；辽宁省节水灌溉面积 96.78 万 hm^2（1451.70 万亩），节水灌溉率 59.77%。但是，东北三省节水灌溉率仍低于全国平均 60% 的水平。

（二）农田防护林

农田防护林是农田基础设施的重要组成部分，也是东北地区保护黑土地最

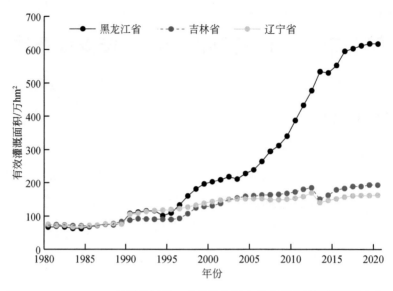

图 4-16 1980~2020 年黑龙江省、吉林省和辽宁省农田有效灌溉面积变化

直接、最有效的措施。资料显示，东北地区 1980 年农田防护林面积为 61.10 万 hm² （916.50 万亩），到 1990 年增加到 85.20 万 hm² （1278 万亩），2000 年 面积达到 96.50 万 hm² （1447.50 万亩），2017 年减少至 94.9 万 hm² （1423.50 万亩）；2010~2017 年减少 1.57 万 hm² （23.55 万亩） （图 4-17）。1990~2017 年东北地区农田防护林质量整体下降，其中 2010~2017 年下降迅速，低质量 防护林从 2010 年的 29.04 万 hm² （435.60 万亩） 增加到 2017 年的 46.96 万 hm² （704.40 万亩） （表 4-1）。伴随防护林面积和质量下降，农田防护效应由 2010 年的 18.3% 下降到 2017 年的 15.3%。

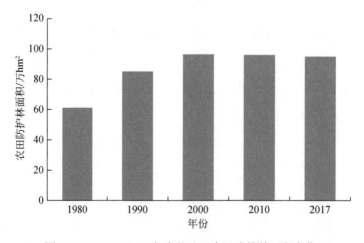

图 4-17 1980~2017 年东北地区农田防护林面积变化

表 4-1　1990～2017 年东北地区农田防护林质量变化

防护林等级	1990 年		2000 年		2010 年		2017 年	
	面积/万 hm²	比例/%	面积/万 hm²	比例/%	面积/万 hm²	比例/%	面积/万 hm²	比例/%
低	16.25	19.1	26.25	27.2	29.04	29.9	46.96	49.7
中	31.16	36.5	34.11	35.3	39.45	40.7	27.82	29.5
高	37.81	44.4	36.16	37.5	28.50	29.4	19.64	20.8

（三）高标准农田建设

东北黑土区高标准农田建设坚持规模化推进，已建成一批集中连片、旱涝保收、高产稳产、生态友好的高标准农田。资料显示，到 2020 年底，东北地区已经建成高标准农田 1113.33 万 hm²（1.67 亿亩），占全国已建成高标准农田面积的 21%。建成后的高标准农田，亩均粮食产能增加 10%～20%，为粮食稳产增产提供了重要支撑。但已建成的高标准农田面积仅占东北地区耕地面积约三分之一，且部分高标准农田项目因投入水平偏低，存在设施不配套、老化或损毁严重问题，难以充分发挥高标准农田应有的作用。

二、科技支撑条件

农田基础设施建设和科技投入力度不断加大，东北地区高标准农田建设有力推进，农田有效灌溉面积稳步扩大，农田基础设施逐步完善，农业科技创新能力显著增强。但是东北地区有效灌溉面积占比低于全国平均水平，已建成高标准农田占耕地面积比例约三分之一，部分高标准农田项目因投入水平偏低，存在设施不配套、老化或损毁问题，农田基础设施建设仍需加强。据统计，截至 2017 年，中国科学院在东北黑土区已建成 17 个野外长期定位观测台站（图 4-18～图 4-22）。这些观测台站主要从事土壤、生态、气象、生物等要素长期连续定位观测和遥感监测研究，其中海伦站（图 4-19）、额尔古纳站、水保站、大安站、长岭站、长春站、大青沟站、辽河源基地与沈阳站（图 4-20）9 项水分监测指标、8 类 62 项土壤监测指标、13 类 59 项大气监测指标、12 类 119 项生物监测指标等，可为"用好养好黑土地"提供科技支撑。此外，高等院校在东北黑土区建设了 14 个相关的野外长期定位观测台站，主要开展黑土保护与修复、生态系统观测、地质环境观测、地球物理观测等方面长期定位观测与试验。中国农业科学院在东北黑土区有 3 个相关的野外长期定位观测台站，主要进行农业土壤肥力效益监测、草原生态系统监测与野生生物资源监测，这些野外台站都是黑土地保护与利用的重要支撑平台。农业农村部在东北黑土区建立了 257 个国家级耕地质量长期定位监测点，重点监测土壤理化性状（即土壤肥力）、农田投入和产出情况、土壤健康状况等，可为黑土地质量预测预警提供依据。2022 年初，国务院启动开展第三次全国土壤普查，要全面查明查清包括东北黑土区在内的全国土壤类型及分布规律、土壤资源现状及变化趋势，真实准确掌握土壤质量、性状和利用状况等基础数据，提升土壤资源保护和利用水平，为守住耕地红线、优化农业生产布局、确保国家粮食安全奠定坚实基础。目前，水利部已开展东北黑土区水土流失动态监测，生态环境部正在建设土壤环境质量监测网，科学技术部在"黑土地保护与利用科技创新"国家重点研发计划中启动了"黑土地耕地质量多尺度天空地立体监测技术与预

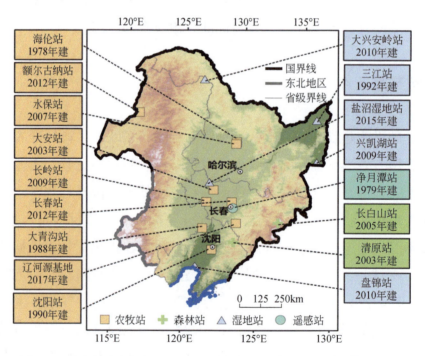

图 4-18　中国科学院东北黑土区 17 个野外长期定位观测台站（基地）分布

注：根据中国科学院野外台站分布编绘

警系统"项目，中国科学院已启动战略性先导科技专项（A 类）"黑土地保护与利用科技创新工程"，计划建设黑土资源环境天-空-地一体监测与感知系统。2021 年底农业农村部组建了"农业农村部黑土地保护与利用重点实验室"，成立了现代农业产业技术体系耕地资源利用与保护共性技术创新团队，组织国家和地方科技力量开展黑土地动态监测、退化机理、综合保护技术集成与示范。这些重大项目和工作部署将大幅提高黑土监测水平与科技支撑能力。

(a)　　　　　　　　　　　(b)

图 4-19　中国科学院海伦站全景和气象观测场

图片来源：中国科学院海伦农业生态实验站

(a)　　　　　　　　　　　(b)

图 4-20　中国科学院沈阳站全景和不同肥力制度长期定位试验

图片来源：中国科学院沈阳生态实验站

(a)　　　　　　　　　　　(b)

图 4-21　中国科学院三江站水田辅助观测场和涡度相关观测系统

图片来源：中国科学院三江平原沼泽湿地生态试验站

(a)　　　　　　　　　　　(b)

图 4-22　中国科学院大安站盐碱地植物长期监测样地和盐碱地水稻育种试验场

图片来源：中国科学院大安碱地生态试验站

三、保护性耕作示范

东北黑土区是我国较早开展保护性耕作的区域之一。保护性耕作是一种以农作物秸秆覆盖还田、免（少）耕播种为主要内容的现代耕作技术体系，能够有效减少土壤风蚀水蚀、增加土壤肥力和保墒抗旱能力、提高农业生态和经济效益。资料显示，21 世纪初中国科学院最早在典型区域开展秸秆覆盖还田、少耕免耕等保护性耕作技术试验与示范。2015 年，农业部启动了第一批东北黑土地保护利用试点项目，涉及东北黑土区 17 个黑土耕地大县（市、区），试点总面积170万亩。2018年为进一步推进东北黑土地保护利用工作，农业农村部实施了第二批东北黑土地保护利用试点项目，涉及东北黑土区32个县（市、区、场），试点总面积880万亩。保护性耕作试点示范项目遍及黑龙江、吉林、辽宁、内蒙古四省区，覆盖黑土、黑钙土、风沙土、盐碱土等土壤类型。2020年，国家启动实施《东北黑土地保护性耕作行动计划（2020—2025年)》，推动保护性耕作技术在东北地区适宜区域加快推广应用。2020年东北四省区保护性耕作实施面积为4600万亩，2021年实施面积为7200万亩，2022年增加至8300万亩。在行动计划推动下，东北四省区以点带面、梯次铺开实施保护性耕作的态势已经形成，行动计划项目实施县、整体推进县分别达到227个、47个，有20个县实施面积超过100万亩，保护性耕作带来的农业经济、生态综合效应正逐步显现。经过多年的创新探索与试验示范，适用于东北黑土区的保护性耕作技术与模式已经趋于成熟，免耕和少耕秸秆覆盖还田的"梨树模式"得到了较好的推广应用。

伴随保护性耕作技术的示范推广，东北地区秸秆综合利用率显著提升，2020年达到86.1%，较2016年提高了19.5个百分点。东北地区秸秆综合利用量合计1.5亿t，其中肥料化、饲料化和燃料化利用率分别约为47.2%、21.8%和14.9%。

专栏　中国科学院秸秆还田长期定位试验

中国科学院海伦农业生态实验站过去15年长期秸秆还田保护性耕作试验结果显示，无肥（NF）、化肥（NPK）和化肥+秸秆还田（NPKS）处理的累计碳输入量分别为11.95t/hm^2、17.43t/hm^{2}和53.27t/hm^2，其中分别有79.3%、84.2%和81.2%来自玉米植株。化肥+秸秆还田处理的累计碳输入比无肥和化肥处理分别增加3.5倍和2.1倍（表4-2）。

与无肥处理相比，采用化肥+秸秆还田耕作15年后，土壤有机碳（SOC）含量增加了17.3%，而在最初10年中，无肥和化肥处理的SOC无明显变化。秸秆还田5年后，SOC含量显著高于化肥处理。到第15年，三种试验处理之间的SOC差异显著，表现为化肥+秸秆还田>化肥>无肥。与初始土壤相比，化肥+秸秆还田处理耕作15年后，SOC含量增加了14.2%。

表4-2　2004～2019年不同处理下的植物碳源　　（单位：t/hm²）

处理	秸秆碳		根系碳		根茬碳		根际沉淀碳		总碳量		累计碳
	大豆	玉米	大豆	玉米	大豆	玉米	大豆	玉米	大豆	玉米	输入
NF	0	0	1.05	3.77	0.38	1.93	1.05	3.77	2.48	9.47	11.95
NPK	0	0	1.17	5.84	0.42	2.99	1.17	5.84	2.76	14.67	17.43
NPKS	7.04	28.23	1.27	5.97	0.46	3.06	1.27	5.97	10.04	43.23	53.27

　　施肥15年后，各处理土壤活性有机碳组分含量差异显著，表现为化肥+秸秆还田>化肥>无肥。与初始土壤相比，化肥+秸秆还田处理的水溶性有机碳（WSOC）、轻组有机碳（LFC）、易氧化有机碳（ROC）和颗粒有机碳（POC）含量分别增加了23.9%、53.6%、19.0%和15.3%。而在无肥处理中，它们的含量分别降低了10.1%、23.3%、10.2%和12.7%。化肥处理下活性有机碳组分与初始土壤相比没有显著变化。试验证明，秸秆还田可显著提高土壤活性碳组分的含量及其在SOC中的比例。

第四节　农业要素投入变化

　　中国东北地区农业要素投入变化的特征显示，近年来化肥施用量较高，尽管在2015年后有所减少，但仍远超过世界平均水平，呈现出地区差异。相对而言，农药施用量则经历了增—减过程，降至较低水平，特别是在2016年后低于国际警戒线，反映了对环境友好和可持续农业的关注。农业机械化水平持续提高，各项机械化指标高于全国平均水平，推动了主粮生产全面实现机械化作业。与此同时，土地规模化经营水平显著提升，各省户均土地经营规模明显高于全国平均水平，特别是垦区职工人均土地经营规模更是达到国内最高水平，展现了东北地区在农业现代化和产业升级方面取得的显著进展。

一、亩均化肥施用量高于世界平均水平

　　统计资料显示，1980年东北地区化肥施用量131.77万t，2015年后，化

肥使用量开始减少，但2020年仍高达724.24万t（图4-23）。其中，黑龙江省亩均化肥施用量为10.02kg，吉林省亩均化肥施用量为24.42kg，辽宁省亩均化肥施用量为21.39kg，内蒙古自治区东四盟亩均化肥施用量为15.40kg。辽宁省、吉林省亩均化肥施用量高于全国平均水平，高于15kg/亩国际警戒线（图4-24）。黑龙江省亩均化肥施用量低于国际警戒线，但是仍高于世界平均水平（8kg/亩）。

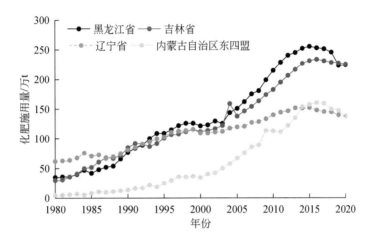

图4-23　1980~2020年东北地区化肥施用量变化

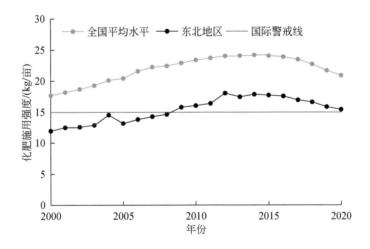

图4-24　1980~2020年东北地区化肥施用强度变化

二、亩均农药施用量低于国际平均水平

统计数据显示，东北地区农药施用量呈先增加后减少的趋势。2014 年农药施用量达到 23.22 万 t，2015 年国家实施化肥农药"双减"政策后施用量开始减少，到 2020 年减至 17.01 万 t，亩均农药施用量降低至 0.36kg（图 4-25）。东北地区气温较低，病虫害相对较少，农药施用以除草剂为主，施用量低于全国平均水平。2017 年后亩均农药施用量已经低于国际警戒线 0.47kg/亩水平（图 4-26）。

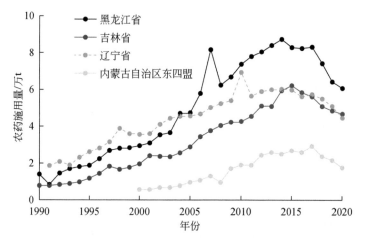

图 4-25　1980～2020 年东北地区农药施用量变化

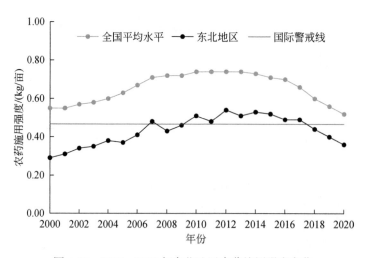

图 4-26　2000～2020 年东北地区农药施用强度变化

三、农业机械化水平持续提高

东北黑土区是我国农业机械化起步最早、综合机械化水平最高的地区。统计数据显示，2020年黑龙江省、吉林省、辽宁省和内蒙古自治区的农业综合机械化率分别为98%、91%、80%和85%，机耕率、机播率、机收率分别均在90%、86%、65%以上，高于全国平均水平，平原地区主粮生产基本全面实现机械化作业。当前，各地正在积极推行免耕、少耕机械规模化应用，并向智能化方向发展。

四、土地规模化经营水平高

第三次全国农业普查数据显示，黑龙江省户均土地经营规模约74.2亩，吉林省户均34.0亩，辽宁省户均13.5亩（表4-3），明显高于全国平均水平。东北地区耕地资源相对集中，而且地势平坦，有利于规模化经营。同时由于东北地区农村人口快速减少，农村土地流转率较高，土地规模化经营发展速度快。

表4-3　黑龙江省、吉林省和辽宁省农村土地规模化经营情况

省份	农业经营户/万户	100亩以上规模农业经营户/万户	耕地面积/万 hm²	户均土地经营面积/亩
黑龙江省	320.5	55.3	1585.0	74.2
吉林省	308.6	14.7	699.3	34.0
辽宁省	552.7	12.7	497.5	13.5

统计数据显示，2020年底，黑龙江省农村家庭承包土地流转面积达到429.27万 hm²（6439.05万亩），占家庭承包经营耕地面积的56.6%；吉林省达到181.34万 hm²（2720.10万亩），占家庭承包经营耕地面积的40.2%；辽宁省达到113.53万 hm²（1702.95万亩），占家庭承包经营耕地面积的31.7%。东北地区土地规模经营既提高了耕地集约利用程度，又提升了农业综合生产效率，确保了粮食稳产高产。

此外，东北黑土区是我国垦区集中分布区，也是全国土地规模化经营水平最高的区域。黑龙江省、辽宁省、吉林省和内蒙古自治区垦区耕地面积共计 399.05 万 hm^2（5985.75 万亩），黑龙江省垦区职工人均土地经营规模 170.10 亩，吉林省垦区人均 42.83 亩，内蒙古自治区垦区人均 11.70 亩。黑龙江省垦区已经成为全国土地规模化经营水平最高、现代化程度最高、综合生产能力最强的国家重要商品粮基地。

第五章 气候与水热条件变化

长时间序列的观测数据显示，1960 年以来东北黑土区气候变暖趋势明显，降水量增加但时空不均衡性增强。水热条件的持续改善导致农作物生长季延长和种植适宜区北扩，但同时洪涝干旱等自然灾害发生的频率和影响程度逐渐增加，对黑土地开发利用与农业生产带来显著影响。

第一节 气温持续上升，增暖趋势明显

一、年平均气温增长显著，高于全国平均增温速度

气温观测资料显示，1961 ~ 2019 年东北黑土区年平均气温增速约为 0.31℃/10a，高于全国同期年平均气温上升速率。2010 ~ 2019 年平均增温趋势更加明显，气温较 20 世纪 60 年代平均气温增加了 1.23℃（图 5-1）。全区约 60% 的地区气温显著增高且增速超过区域平均，增速超过 0.4℃/10a 的地区占 13.33%，主要分布在内蒙古自治区东部、北部及黑龙江省北部（图 5-2）。

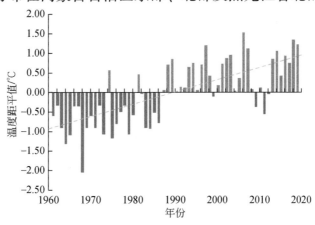

图 5-1　1961 ~ 2019 年东北黑土区年平均气温变化

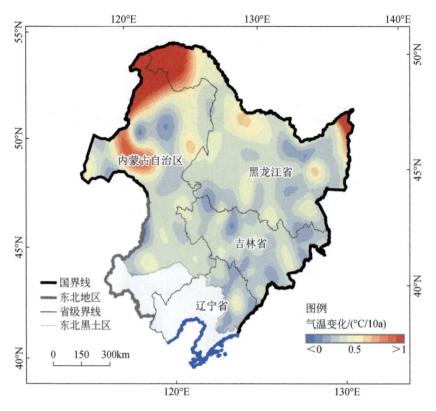

图 5-2 1961～2019 年东北黑土区年平均气温变化空间差异

二、年均积温增幅较大，局部增加速率超过 10℃/a

研究表明，随着气候变暖，东北黑土区 ≥10℃ 积温已由 1960 年的 2830℃ 增加到 2019 年的 3250℃，年均增加速率约为 6.62℃（图 5-3）。内蒙古自治区

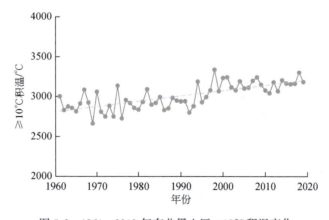

图 5-3 1961～2019 年东北黑土区 ≥10℃ 积温变化

东四盟大部分地区、黑龙江省北部、吉林省西部增加幅度较大，部分地区积温增加速率超过 10℃/a（图 5-4）。

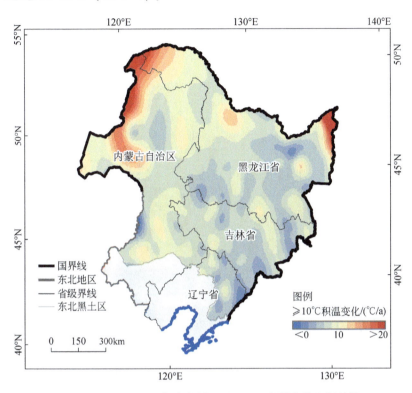

图 5-4　1961～2019 年东北黑土区≥10℃积温变化空间差异

三、积雪期缩短趋势显著，最大冻土深度减小

气象监测数据显示，1961 年以来，东北黑土区积雪初日以 1.4d/10a 的速率显著推迟，积雪终日以 2.3d/10a 的速率显著提前，积雪期以 3.7d/10a 的速率显著缩短，最大积雪深度以 0.9cm/10a 的速率增加，最大冻土深度以 5.5cm/10a 的速率减小。

第二节　降水小幅增加，时空不均衡性加大

一、年降水量呈上升趋势，降水强度增大

观测数据显示，1961～2020 年东北黑土区多年平均降水量为 549.7mm，

变异系数为12.67%，变化幅度大，波动中略有增长态势（图5-5）。东北黑土区降水日数减少，但降水强度有所增加。1961～2020年，东北黑土区年降水日数减少速率为1.7d/10a，降水强度增加速率为0.11mm/（d·10a）。降水时间分配不均态势加剧，导致洪涝干旱自然灾害和水土流失风险增加。

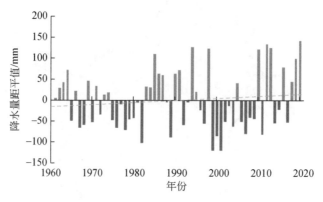

图5-5　1961～2020年东北黑土区年平均降水量变化

二、东北部降水量增加，西南部降水量减少

东北黑土区多年平均降水量大致呈由东向西逐渐减少的空间分异特征（图5-6）。吉林省东部、辽宁省东部以及黑龙江省中部多年平均降水量超过600mm，其中吉林省东南部和辽宁省东部的多年平均降水量均超过700mm。多年平均降水量小于500mm的区域主要位于内蒙古自治区东四盟，其中呼伦贝尔市大部分地区年平均降水量低于400mm，赤峰市和通辽市大部分地区年平均降水量低至300mm以下。

1961～2020年，年平均降水量最多的辽宁省东北部和吉林省东南部降水减少最快，局地速率超过10mm/10a，其次是吉林省中西部，内蒙古自治区东部、南部和西北部，以及黑龙江省北部，年降水量每10年减少约5mm；吉林省中东部、黑龙江省大部分地区和内蒙古自治区东部、北部降水增加，年降水量最大增速超过20mm/10a（图5-7）。

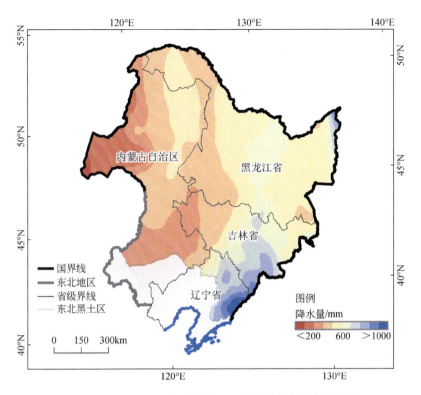

图 5-6 1981~2020 年东北黑土区平均年降水量空间分布

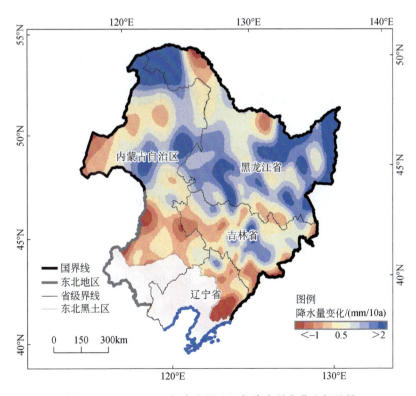

图 5-7 1961~2020 年东北黑土区年降水量变化空间差异

专栏　中国科学院海伦农业生态实验站降水监测情况

　　中国科学院海伦农业生态实验站的水分监测结果显示，海伦农业生态实验站长期监测多年平均降水量为560mm（1980～2020年）。自2011年以来，海伦农业生态实验站年均降水量达到647mm（2011～2020年），年均降水量增加，极端降水次数增多（图5-8）。

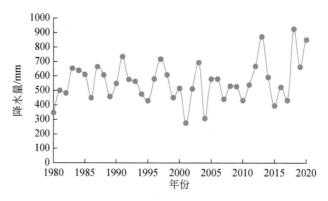

图5-8　中国科学院海伦农业生态实验站1980～2020年平均降水量

第三节　太阳总辐射强度下降，时空差异性明显

　　长期气象监测资料显示，1960～2020年东北黑土区年日照时数以35.2h/10a的速率下降，大部分地区减少速率为40.0～79.9h/10a。其中，2000～2020年太阳总辐射强度平均每10年减少0.14MJ/m²（图5-9）。

　　东北黑土区陆地表面太阳总辐射变化存在空间差异特征（图5-10）。黑龙江省北部和西部、内蒙古自治区东北部、吉林省大部分地区太阳总辐射呈减少趋势，辽宁省大部分地区和黑龙江省南部地区呈现增加的趋势。光能资源的变化在不同季节也表现出了时间差异性，如吉林省境内冬季太阳总辐射显著下降，夏季则显著增加。

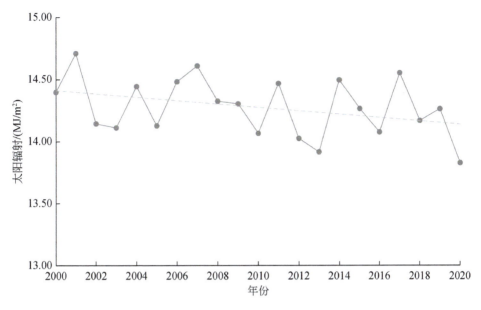

图 5-9　2000~2020 年东北黑土区太阳总辐射强度变化

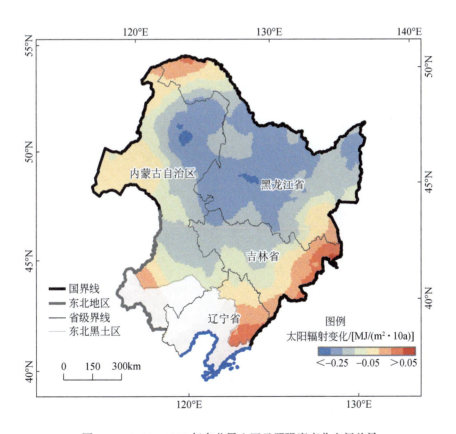

图 5-10　2000~2020 年东北黑土区日照强度变化空间差异

第四节　气候变化影响黑土地开发利用

一、农作物适宜生长期延长

观测数据显示，当前东北黑土区作物潜在生长季达 230 天。1960～2020 年，作物潜在生长季逐渐延长，平均延长速率为 1.7d/10a（图 5-11）。其中黑龙江省、内蒙古自治区东部地区以及吉林省西部和东部等地作物潜在生长季延长明显，部分地区高达 3.6d/10a，而南部地区呈现波动态势（图 5-12）。伴随生长季延长，生长季内的温度也逐渐上升。资料显示，近 50 年来东北黑土区春玉米生长季内温度平均增加约 0.93℃。

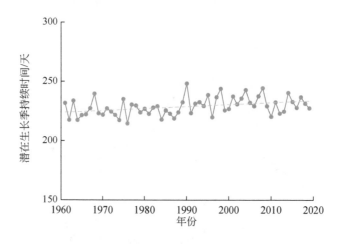

图 5-11　1961～2019 年东北黑土区作物潜在生长季长度变化

二、作物适宜种植区向北扩展

1961～2000 年，东北黑土区 0℃ 等温线向北移动 270km，2001～2019 年 0℃ 等温线继续向北移动 190.5km。≥10℃ 积温带也在相应持续北移，玉米种植适宜区（2100℃）向北扩张了约 156km。玉米早熟品种种植适宜区由松嫩平原北部、三江平原北部、牡丹江北部等区域向北拓展至大兴安岭南部；中熟品

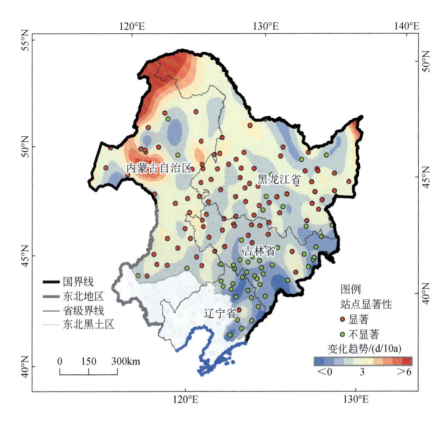

图 5-12　1961～2019 年东北黑土区作物潜在生长季长度变化空间差异

种种植适宜区由松嫩平原南部、三江平原大部分地区和牡丹江南部向北扩大至松嫩平原北部、三江平原和牡丹江流域；晚熟品种种植适宜区由松嫩平原南部局地北移至松嫩平原南部、三江平原中部和牡丹江南部。大豆中熟品种种植北界北移至大兴安岭—黑河沿线。

三、农业自然灾害风险增大

受全球气候变化影响，东北黑土区极端天气事件的发生频率不断增加，干旱洪涝自然灾害风险增强。统计数据显示，1982～2020 年东北地区发生干旱事件 47 次、洪涝事件 14 次，超过了黄淮海平原和长江中下游平原粮食主产区（表 5-1）。2020 年，黑龙江省、吉林省、辽宁省作物受灾总面积约 571.5 万 hm²（8580 万亩），其中干旱受灾面积 133.7 万 hm²（2005.5 万亩），洪涝受灾面积达 66.8 万 hm²（1002 万亩），台风受灾面积 344.5 万 hm²（5167.5 万亩），风雹受灾面积 26.5 万 hm^2（397.5 万亩）。

表 5-1 1982~2020 年我国主要粮食生产区干旱和洪涝事件频次

区域	干旱	洪涝
东北地区	47	14
黄淮海平原	25	6
长江中下游平原	7	10
全国	175	44

东北黑土区干旱灾害以春旱为主，干旱持续时长在空间上呈现自西南向东北递减的趋势，西部地区干旱持续时间长且强度高，东部地区持续时间短且强度低。

随着东北黑土区气候变暖，低温干旱、高温干旱等复合型极端天气事件和自然灾害风险增加，给黑土地保护与粮食增产稳产带来严峻挑战。

第六章 作物种植与粮食生产

自 20 世纪初大规模移民和大范围土地开垦以来，东北黑土区农业开发利用强度持续上升，突出表现为农作物播种面积扩大和农业生产资料投入大幅增加。经过近几十年的发展，东北黑土区形成了具有自身地域特征的农作物种植结构，并保持着较高的粮食产出水平，为国家粮食安全做出了巨大贡献。同时，高强度的农业开发利用也成为黑土地退化的重要因素之一。

第一节 粮食产出与供给能力

一、粮食产出情况

2000 年后，东北地区农业得到快速发展，国有农垦企业成为全国农业现代化的排头兵，粮食生产能力迅速提高。党的十八大以来，东北黑土区的粮食安全保障能力稳步提升，农业现代化程度不断提高，科技创新成为农业现代化发展的重要支撑，国家有关部门实施了系列黑土地保护规划和行动计划项目，但"用好养好"黑土地仍面临压力。

一是粮食作物播种面积稳步增加。2005 年粮食作物播种面积为 1910.21 万 hm²，2019 年增至 2848.87 万 hm²。水稻、玉米、大豆等主要粮食作物的播种面积总体均呈扩大趋势，由 2005 年的 295.70 万 hm²、800.38 万 hm²、509.18 万 hm² 分别增加至 2019 年的 531.42 万 hm²、1551.25 万 hm²、584.41 万 hm²，分别是 2005 年的 1.8 倍、1.9 倍和 1.1 倍。受"镰刀弯"地区玉米调减政策和玉米临储制度改革影响，2015 年后玉米播种面积略有下降，减少 156.62 万 hm²。受益于大豆种植支持政策，2019 年大豆种植面积比 2015 年增加了 243.20 万 hm²（图 6-1）。

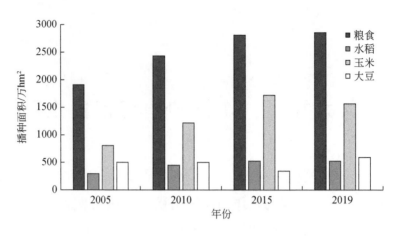

图 6-1　2005～2019 年东北黑土区粮食作物播种面积变化

注：包含黑龙江省、吉林省、辽宁省、内蒙古自治区东四盟数据

　　二是粮食作物产量快速增长。粮食作物产量由 2005 年的 8654.52 万 t 增至 2019 年的 16 542.85 万 t，占全国粮食作物总产量的比例由 2005 年的 17.88% 增加至 2019 年的 24.92%，为保障国家粮食安全做出了重要贡献。2019 年水稻、玉米、大豆产量分别达到 3887.65 万 t、10 904.31 万 t 和 1090.82 万 t，占全国的比例分别为 18.55%、41.81% 和 60.30%。2019 年水稻、玉米、大豆产量分别是 2005 年的 1.9 倍、2.3 倍和 1.2 倍（图 6-2）。

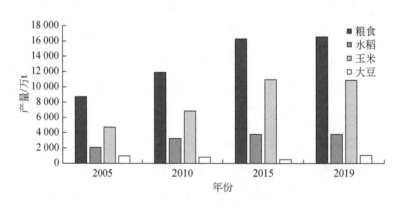

图 6-2　2005～2019 年东北黑土区粮食作物产量变化

注：包含黑龙江省、吉林省、辽宁省、内蒙古自治区东四盟数据

　　三是粮食单位面积产量显著提高。2005～2019 年每公顷平均粮食产量增加 1276kg，增幅达 28%。按 2019 年粮食播种面积计，相当于增产 3635 万 t 粮食。2019 年主要粮食作物水稻、玉米、大豆的每公顷产量分别为 7316kg、

7029kg、1867kg，比 2005 年分别增长了 4.35%、18.71%、2.16%。中国科学院大安碱地生态试验站作为吉林省水稻品种区域试验（公益性试验）承试点，于 2017 年开始承担吉林省水稻品种试验任务。监测数据显示，2017～2020 年大安站承试点试验田水稻每公顷平均产量为 8483kg，最高单产（2018 年）为 8562kg。中国科学院海伦农业生态实验站的监测数据显示，2000～2019 年玉米每公顷平均产量为 8037kg，2001～2020 年大豆每公顷平均产量为 2498kg，平均单产总体上呈逐年上升趋势（图 6-3）。

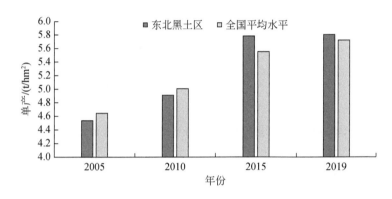

图 6-3　2005～2019 年东北黑土区与全国粮食单位面积产量比较

注：包含黑龙江省、吉林省、辽宁省、内蒙古自治区东四盟数据

　　四是农业机械化水平稳步提升。东北地区已成为我国综合机械化水平最高的区域，涌现出以北大荒集团为代表的一批国内重要的农垦集团和农业龙头企业，塑造了"宽窄行种植，秸秆全覆盖"的梨树模式等先进典型。2019 年东北三省农业机械化总动力约占全国的 12.03%，黑龙江省、吉林省、辽宁省综合机械化率分别达到 97%、81%、85%，其中黑龙江省高出全国平均水平（69%）28 个百分点，位居全国首位，主粮生产已基本实现全程机械化。2019 年东北三省大中型拖拉机、配套农机具、农业机械化作业服务组织分别占全国总量的 24.69%、15.70%、20.07%，位居全国前列，其中黑龙江省位居全国首位（表 6-1）。2018 年以来，50 马力以上的中大马力拖拉机销售量占比已超过 50%。智能化、无人驾驶农机销量快速增长（表 6-2）。智慧农业发展迅速，建成千亩级现代农业数字化农田，实现定时、定位、定量、定配方的精准农业生产管理。中国科学院梨树保护性耕作研究与示范基地研制了国内性能领先的免耕播种机，连续多年居于东北播种机销售榜首，年播种面积 1 亿亩。2020 年

中国科学院微电子研究所研发的基于北斗、人工智能、物联网等技术的北斗农机无人驾驶系统已在黑龙江省累计示范无人标准化作业 0.28 万 km^2（图 6-4）。该系统集成了 20 余项自主知识产权，节约人力成本 200% 以上，减少机械作业损苗率 5%，提升工作效能 25% 以上，提升土地利用率 0.5%～1%。

表 6-1　2019 年东北地区农业机械化基本情况

项目	黑龙江省	吉林省	辽宁省	全国
农机总动力/万 kW	6 359.1	3 653.7	2 353.9	102 758.3
大中型拖拉机/万台	57.82	34.10	17.68	443.86
配套农机具/万部	42.73	9.26	16.53	436.47
农业机械化作业服务组织/个	25 948	8 884	3 614	191 526

表 6-2　黑龙江省与全国北斗导航农机自动驾驶系统销量　　　（单位：台）

时段	全国	黑龙江省
2019 年	5900	1644
2020 年 1～6 月	6900	2670

注：根据黑龙江省发布的农机购置补贴数据整理

图 6-4　北斗农机无人驾驶系统应用于黑龙江省大田作物耕种管收全过程

图片来源：中国科学院微电子研究所提供

二、粮食供给情况

统计数据显示，2000～2021 年，东北地区粮食总产量从 0.59 亿 t（1180 亿斤）上升到 1.73 亿 t（3460 亿斤），增长了近 2 倍，粮食产量占全国粮食总产量的比例由 12.74% 上升到 25.36%（图 6-5）。2013 年以来，东北地区粮食产量始终保持在全国总产量的 1/4 左右。

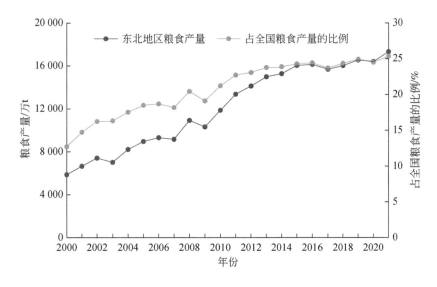

图 6-5　2000～2021 年东北地区粮食产量及其占全国粮食产量的比例变化

进一步分析表明，过去 20 年，东北粮食产量增量占全国粮食产量增量的 50.71%，全国粮食增产的一半来自东北地区。其中，东北地区水稻增产对全国水稻增产的贡献为 92.44%，玉米增产对全国玉米增产的贡献为 37.19%。

东北地区不同省区的粮食产出贡献不同。2000～2020 年，黑龙江省水稻产量年均增长 106 万 t（21.2 亿斤），主导了整个黑土区的水稻增产（图 6-6）；东北各省区玉米产量均呈显著增加趋势，其中黑龙江省增产速率最高，年均增长为 185 万 t（37 亿斤）（图 6-7）。黑龙江省大豆产量高于其他地区，2015 年以来黑龙江省与内蒙古自治区东四盟大豆产量显著增长（图 6-8）。内蒙古自治区东四盟小麦产量在波动中增加，维持在 100 万 t（20 亿斤）左右，其他三省产量均呈明显下降态势（图 6-9）。

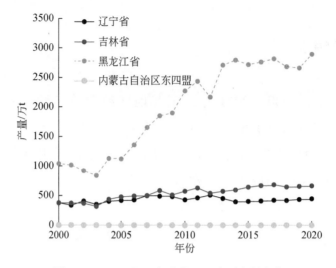

图 6-6　2000~2020 年东北地区水稻产量变化

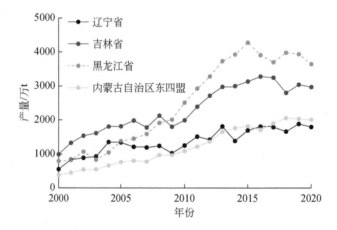

图 6-7　2000~2020 年东北地区玉米产量变化

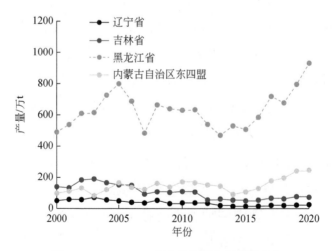

图 6-8　2000~2020 年东北地区大豆产量变化

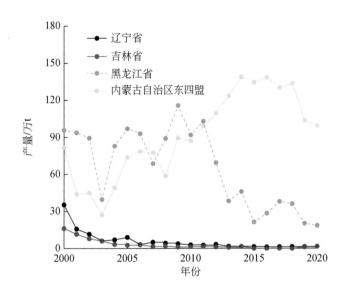

图 6-9　2000～2020 年东北地区小麦产量变化

按照国际公认的人均粮食 400kg 安全保障水平计算，扣除区内粮食的消费需求量，计算每年东北地区粮食可剩余量。结果显示，东北地区粮食可剩余量由 2000 年的 0.11 亿 t（220 亿斤）上升到 2020 年的 1.29 亿 t（2580 亿斤），年均增速为 590 万 t，对外供给能力不断提高，保障国家粮食安全压舱石的作用明显增强（图 6-10）。

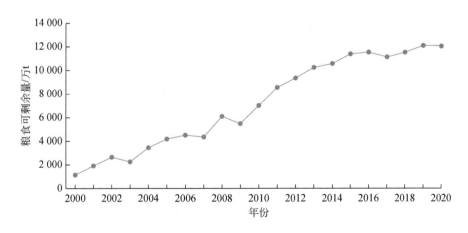

图 6-10　2000～2021 年东北地区粮食可剩余量变化

第二节　作物种植结构

统计资料显示，东北地区农作物总播种面积中粮食作物播种面积的占比保持持续上升趋势，种植结构呈现明显的粮食主导特征（图6-11）。至2020年，粮食作物播种面积占总播种面积的比例上升至92.3%，经济作物下降至7.2%。粮食作物中，尤以水稻、玉米和大豆为主（图6-12），至2020年，东北地区水稻、玉米和大豆三种农作物的播种面积占粮食作物播种面积的比例高达98.9%（图6-13）。研究表明，由于农业种植结构单一，玉米、水稻主要作物长期连作，导致土壤板结退化问题严重，不利于黑土地可持续利用。

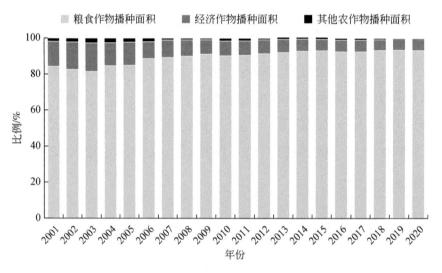

图6-11　2001~2020年东北地区农业种植结构变化

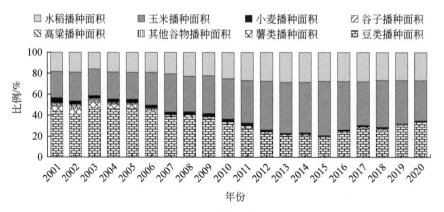

图6-12　2001~2020年东北地区粮食作物种植结构变化

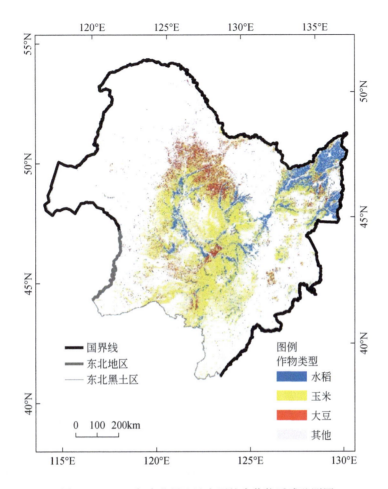

图 6-13　2020 年东北黑土地主要粮食作物遥感监测图

第三节　粮食生产布局

遥感解译数据显示，2000～2021 年，东北黑土区农作物种植布局变化具有三个特征：一是作物种植范围持续北扩西展，尤其是玉米种植范围明显向高纬度、高坡度区域扩展，种植面积持续增加；二是具备灌溉条件地区旱地大面积改为水田，水稻种植面积向沿江、沿河和三江平原湿地区扩展；三是大豆种植面积逐渐缩减，向黑龙江省中西部松嫩平原集中（图 6-14）。

2021 年遥感解译数据显示，当前东北黑土区水稻生产主要集中在辽河、松花江、嫩江等沿江地区和三江平原水资源丰富区域；玉米生产广泛分布在东

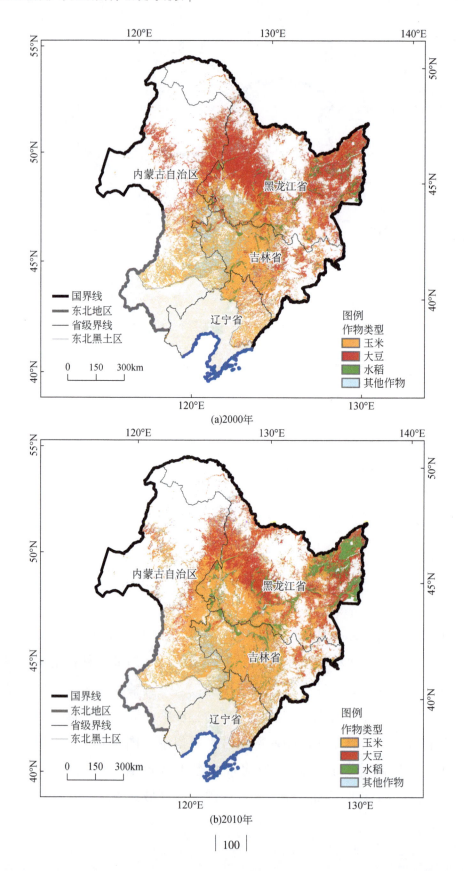

(a)2000年

(b)2010年

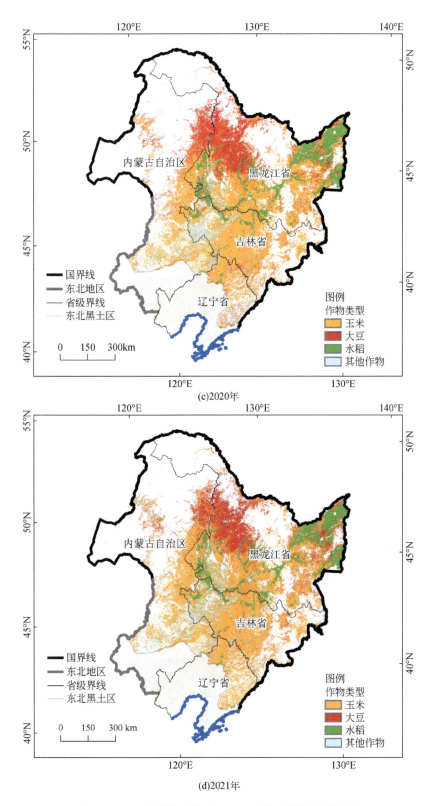

(c)2020年

(d)2021年

图 6-14　不同时期东北黑土区主要粮食作物种植格局

北黑土区的平原、台地、丘陵坡地；大豆生产主要分布在黑龙江省中部、北部、西部地区，即齐齐哈尔、黑河、哈尔滨、佳木斯、绥化等地区，并形成大豆生产的优势区；小麦等其他粮食作物种植面积较小，主要分布在吉林省西部与内蒙古自治区东部旱作农业区（图6-14）。

第七章 | 黑土地土壤退化状况

受气候变化、农业开发利用强度上升、农田基础设施建设滞后等多种因素影响，东北黑土地呈现退化趋势，部分地区黑土地出现不同程度的变瘦、变硬、变薄等退化问题。

第一节 土壤有机质含量

中国科学院土壤信息网格数据[①]显示，东北黑土区耕地土壤耕作层有机质含量平均为38.97g/kg，最大值为153.82g/kg。三江平原、松嫩平原土壤有机质含量最高，辽河平原南部较低（图7-1）。总体而言，黑龙江省土壤有机质含量最高，其次为吉林省、内蒙古自治区东四盟，辽宁省耕地土壤耕作层有机质含量最低（表7-1）。

表7-1 东北黑土区耕地土壤耕作层有机质含量分区统计 （单位：g/kg）

地区	最小值	最大值	平均值	中位数	标准差
黑龙江	7.41	153.82	49.67	43.24	20.94
吉林	3.05	113.23	28.63	25.26	13.23
辽宁	7.72	69.43	21.93	15.84	8.32
内蒙古东四盟	1.95	135.97	27.65	19.33	18.88

长期监测数据显示，黑土开垦40年有机质下降1/2左右，开垦70~80年有机质下降2/3。进入稳定利用期后，东北黑土地土壤有机质下降缓慢，每10年有机质含量下降0.6~1.4g/kg。在黑土地开垦后的50~100年，黑龙江省中

---

① 中国科学院南京土壤研究所基于我国土系调查与《中国土系志》编制项目获得的2010~2018年5000多个土壤剖面数据，制作的全国土壤信息网格数据。以下简称"中国科学院土壤信息网格数据"。

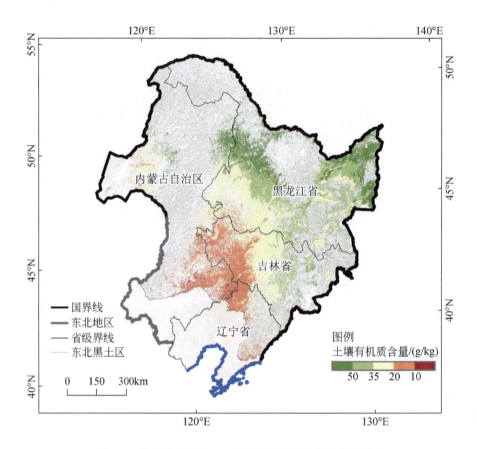

图 7-1 东北黑土区耕地土壤耕作层有机质含量空间分布

部和吉林省中部的黑土有机质含量平均每年下降速度为 1.0g/kg。

第二节 土壤养分状况

一、土壤氮含量及其变化

中国科学院土壤信息网格数据显示，东北黑土区耕地土壤耕作层全氮含量平均值为 1.93g/kg，最大值为 6.86g/kg，呈现从东北到西南递减的分布特征。内蒙古自治区东南部、辽宁省大部分地区全氮含量偏低，吉林省中部、黑龙江省北部全氮含量较高（表 7-2、图 7-2）。

表 7-2　东北黑土区耕地土壤耕作层全氮含量分区统计结果　　（单位：g/kg）

地区	最小值	最大值	平均值	中位数	标准差
黑龙江	0.51	6.86	2.35	2.23	0.68
吉林	0.24	5.45	1.62	1.44	0.70
辽宁	0.44	3.55	1.46	1.38	0.34
内蒙古东四盟	0.17	4.65	1.29	1.19	0.75

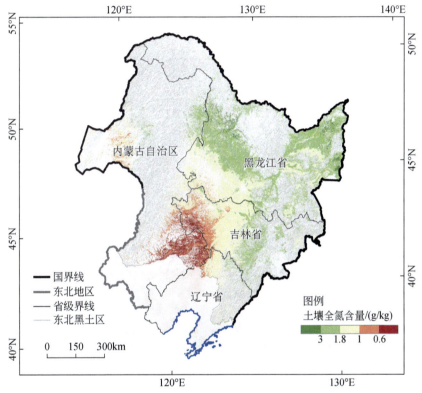

图 7-2　东北黑土区耕地土壤耕作层全氮含量空间分布

　　长期监测数据表明，随开垦年限的增加，东北黑土区耕地土壤耕作层全氮含量呈减少趋势。与未开荒的黑土土壤全氮含量 6.00g/kg 相比，开垦 20 年和 40 年后，土壤耕作层全氮含量分别降至 4.02g/kg 和 2.33g/kg。

二、土壤磷含量及其变化

　　中国科学院土壤信息网格数据显示，东北黑土区耕地土壤耕作层全磷含量平均值为0.60g/kg，最大值为1.66g/kg。内蒙古自治区、辽宁省、吉林省交界处的台地和坡耕地全磷含量偏低，松嫩平原、三江平原全磷含量较高，空间上从东北到西南呈现递减的分布特征（表7-3、图7-3）。

表7-3 东北黑土区耕地土壤耕作层全磷含量分区统计结果 （单位：g/kg）

地区	最小值	最大值	平均值	中位数	标准差
黑龙江	0.25	1.10	0.67	0.67	0.10
吉林	0.25	1.66	0.55	0.56	0.11
辽宁	0.21	1.12	0.54	0.53	0.10
内蒙古东四盟	0.25	0.92	0.51	0.50	0.12

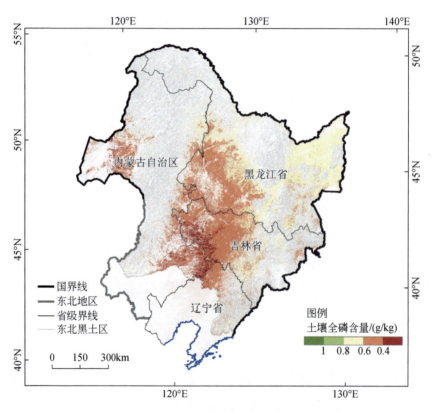

图7-3 东北黑土区耕地土壤耕作层全磷含量空间分布

东北黑土区17个国家级耕地质量监测点数据显示，区域土壤有效磷含量整体水平为7.00～75.20mg/kg，监测初期（1988～1997年）为19.54mg/kg，监测中期（1998～2003年）略有升高，到监测后期（2004～2013年）显著增加到37.19mg/kg。

三、土壤钾含量及其变化

中国科学院土壤信息网格数据显示，东北黑土区耕地土壤耕作层全钾含量平均值为20.43g/kg，最大值为30.58g/kg。内蒙古自治区东四盟北部、黑龙江省东北部土地表层的全钾含量偏低，吉林省西部、黑龙江省南部地区全钾含量较高（表7-4、图7-4）。

表7-4　东北黑土区耕地土壤耕作层全钾含量分区统计结果　　（单位：g/kg）

地区	最小值	最大值	平均值	中位数	标准差
黑龙江	11.46	26.06	20.27	20.69	1.94
吉林	15.10	29.89	22.10	21.93	1.84
辽宁	13.82	27.43	20.57	20.62	1.88
内蒙古东四盟	10.53	30.58	18.37	18.29	3.96

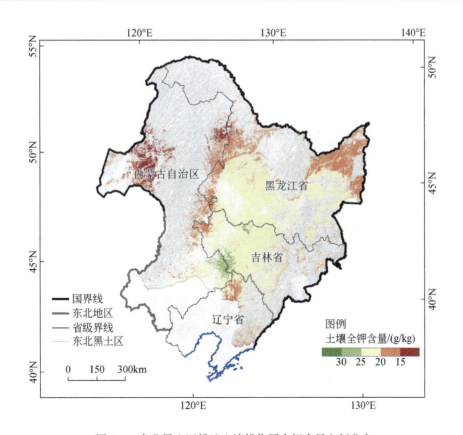

图7-4　东北黑土区耕地土壤耕作层全钾含量空间分布

东北黑土区 17 个国家级耕地质量监测点数据显示，土壤速效钾含量在 97.80~465.00mg/kg。监测初期（1988~1997 年）呈下降趋势，监测中期（1998~2003 年）与监测后期（2004~2013 年）两个时期均呈上升趋势。监测中期（166.67mg/kg）和监测后期（216.62mg/kg）的土壤速效钾含量比监测初期（149.03mg/kg）分别提高了 11.8% 和 45.4%。但是，在黑土土壤侵蚀较严重的区域，土壤速效钾含量显著减少。

第三节　土壤容重与土层厚度

一、土壤容重随开垦时间增加而增加

中国科学院土壤信息网格数据显示，东北黑土区耕地土壤容重平均值为 1.23g/cm³，最大值为 1.53g/cm³，空间上呈现从东北到西南递增的分布特征。内蒙古自治区、辽宁省、吉林省的交界处土壤容重较高，黑龙江省东北部土壤容重较低（图 7-5）。按行政区统计，内蒙古自治区东四盟耕地土壤容重值最大，其次为辽宁省和吉林省，黑龙江省土壤容重值最小（表 7-5）。

表 7-5　东北黑土区耕地土壤容重分区统计结果　　（单位：g/cm³）

地区	最小值	最大值	平均值	中位数	标准差
黑龙江	0.82	1.46	1.21	1.24	0.11
吉林	0.98	1.52	1.31	1.30	0.10
辽宁	1.00	1.51	1.32	1.32	0.06
内蒙古东四盟	0.93	1.53	1.37	1.40	0.11

典型黑土区土壤容重变化范围在 1.11~1.39g/cm³，平均值为 1.27g/cm³，母质的平均容重约为 1.40g/cm³，且土壤容重随着土层厚度的增加而增加。原始黑土经开垦后，受机械作业、化肥施用过量等因素影响，表层土壤容重显著增加。与自然状态下黑土相比，开垦 20 年、40 年、80 年耕地土壤 0~30cm 表层土壤容重可分别增加 7.59%、34.18%、59.49%，平均每 10 年土壤容重增加 0.06g/cm³。

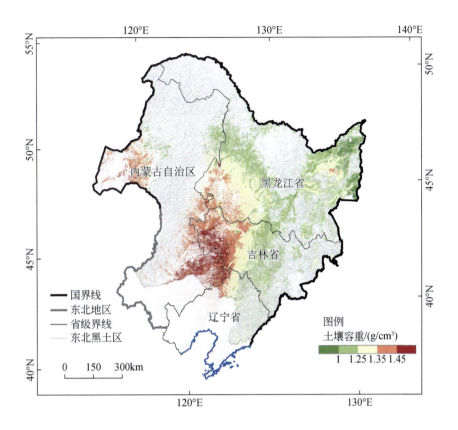

图 7-5　东北黑土区耕地土壤容重空间分布

二、土层厚度随开垦时间增加而变薄

中国科学院土壤信息网格数据显示，东北黑土区耕地土层厚度集中在 110~170cm，最厚土层在 200cm 以上。松嫩平原、辽河流域平均土层厚，三江平原、呼伦贝尔高原地区土层较厚，山地丘陵区向平原过渡的坡耕地土层较薄（表7-6、图7-6）。

表 7-6　东北黑土区耕地土壤土层厚度分区统计结果　　　　　（单位：cm）

地区	最小值	最大值	平均值	中位数	标准差
黑龙江	14.00	196.00	132.64	132.00	27.48
吉林	2.00	203.00	143.83	150.00	30.64
辽宁	55.00	183.00	118.52	119.00	25.49
内蒙古东四盟	0.00	207.00	129.46	133.00	24.03

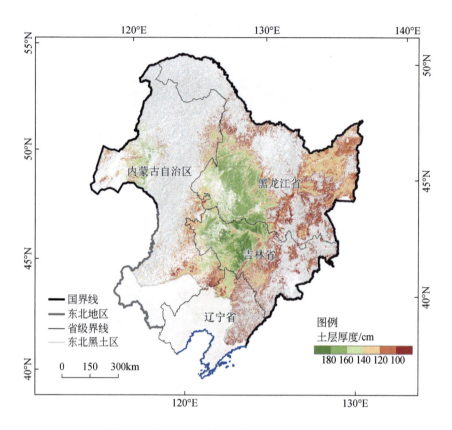

图 7-6　东北黑土区耕地土壤土层厚度空间分布

第二次全国土壤普查数据显示，受土壤侵蚀的影响，黑土耕地土层厚度逐年变薄。随着开垦年限的增加，黑土层逐渐浅薄，有 40%的黑土面积腐殖质层厚度不足 30cm。黑龙江和吉林两省薄层黑土（黑土层厚度<30cm）占 39.8%，中层黑土（黑土层厚度 30~60cm）占 40.8%，厚层黑土（黑土层厚度>60cm）占 19.4%。受不合理开垦利用方式和水土流失等因素影响，随着开垦年限的增加，黑土层厚度逐渐变薄。

第四节　土壤侵蚀状况及趋势特征

一、水力侵蚀情况

东北黑土区土壤坡面水力侵蚀强度表现为中部低、东西部高的空间格局

（图 7-7）。其中，大兴安岭、长白山及辽宁省西部地区侵蚀状况较为严重，松嫩平原、三江平原及呼伦贝尔地区的侵蚀程度轻微。按省区统计，辽宁省、吉林省、内蒙古自治区东四盟和黑龙江省土壤侵蚀量分别占整个东北黑土区总侵蚀量的 21%、17%、26% 和 36%。

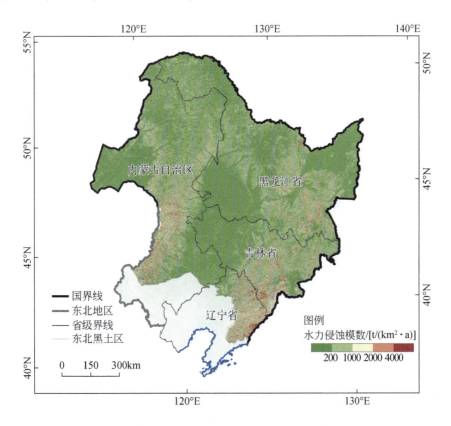

图 7-7　东北黑土区 60 年来土壤水力侵蚀模数平均值空间分布

全国水土流失动态监测表明，2018 年东北黑土区水土流失面积 22.16 万 km²，占区域土地面积的 20.3%，其中，2018 年内蒙古自治区东四盟、黑龙江省、吉林省、辽宁省水土流失面积分别为 9.29 万 km²、7.55 万 km²、4.26 万 km²、1.06 万 km²，以轻度侵蚀为主，面积占比达到 73.8%，且 70% 发生在耕地上。

二、侵蚀沟数量和规模增加

东北黑土区是除黄土高原外沟道侵蚀最为严重的区域。水利部第一次水利普查——东北黑土区侵蚀沟专项调查（2013年）发现侵蚀沟29.6万条，主要发育形成于耕地，89%为发展沟，沟道侵蚀呈加剧发展态势。据中国科学院东北地理与农业生态研究所黑土退化与修复团队2021年实测调查结果，东北黑土区侵蚀沟约60万条。漫川漫岗黑土区和低山丘陵黑土区侵蚀沟实测调查结果显示，漫川漫岗黑土区侵蚀沟平均长度480m，平均宽度5.6m，平均深度2.5m，沟壑密度为1.39km/km²，50~100m长侵蚀沟数量占比为15.6%，近3年新成侵蚀沟数量增加了6.6%，年均每100km²新成侵蚀沟6.5条，年均沟头前进4.3m；低山丘陵黑土区侵蚀沟平均长度220m，平均宽度2.8m，平均深度2.0m，沟壑密度4.97km/km²，其中50~100m长侵蚀沟数量占比为26.5%，近3年新成侵蚀沟数量增加了4.4%，年均每100km²新成侵蚀沟33.2条。实测结果显示，漫川漫岗黑土区沟道侵蚀土壤流失量占区域总土壤流失量的65%。实测结果表明，东北黑土区80%以上的侵蚀沟分布于耕地中，85%侵蚀沟为中小型侵蚀沟，但具有向大型侵蚀沟发展的趋势。这表明东北黑土区沟道侵蚀危害呈加剧发展态势。

三、土壤风蚀呈下降趋势

研究表明，东北黑土区土壤风蚀主要发生在西部呼伦贝尔丘陵平原区、松辽平原风沙区和东部三江平原区，总面积约26万km²，占东北黑土区总面积的23.9%，其中微度、轻度、中度、强度、极强度和剧烈风蚀区占比分别为96.12%、3.24%、0.58%、0.05%、0.01%和0%（图7-8）。

田间监测结果显示，2016年和2017年4~6月吉林省梨树县在传统垄作无覆盖耕作方式下，黑土平均输沙通量为20kg/（hm²·d），风力侵蚀导致年潜在最大土壤有机质损失量达36kg/hm²（2.40kg/亩），年潜在最大土壤全氮损失量达1kg/hm²（0.07kg/亩）。2021年4~6月黑龙江省齐齐哈尔市梅里斯达斡尔族区在传统秸秆清除浅旋垄作方式下，平均输沙通量为56kg/（hm²·d），风力侵蚀导致年潜在最大土壤有机质损失量达75.6kg/hm²（5.04kg/亩）。

研究结果显示，1990~2020年东北黑土区土壤风蚀强度总体呈下降趋势，平均下降速率为250kg/（hm²·a），其中，风蚀下降区域面积占黑土区总面积的43%，风蚀增加区域面积仅占黑土区总面积的0.27%（图7-9）。

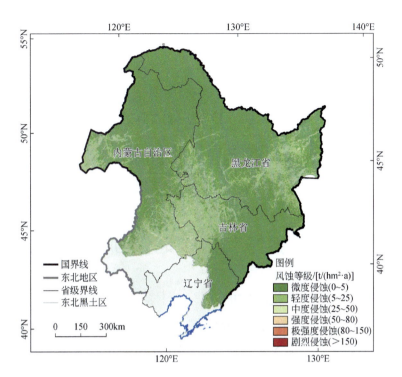

图 7-8 东北黑土区土壤风蚀等级空间分布

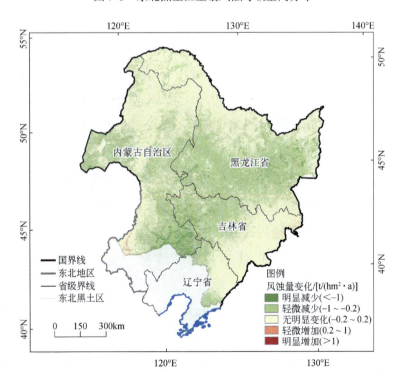

图 7-9 1990~2020 年东北黑土区土壤风蚀量变化

第八章 黑土地保护与利用科学认知与技术创新

第一节 "用好养好"黑土地仍面临压力与挑战

近年来，随着黑土地退化问题的凸显和科学研究的深入与交叉，黑土地问题从"默默无闻"到引起国内外研究领域的广泛重视。近 10 年来，在黑土研究领域，国际刊物共发表了 2142 篇论文，国内刊物共发表了 1822 篇论文。黑土问题研究成为土壤学、水土保持与荒漠化防治、作物栽培与耕作学、生态学、微生物学、地理学、农业工程、经济管理等学科的热点研究问题。第一，耕地增速减缓，农田内部结构趋于优化。2010~2020 年耕地面积仍呈现增长趋势，但比 1990~2010 年增幅收窄。2000~2020 年黑土区农田内部结构发生了显著变化，水田比例由 2000 年的 10.3% 增加到 2020 年的 13.43%，旱田比例由 2000 年的 89.7% 降低到 2020 年的 86.6%。第二，森林面积持续增加，但仍未达到 1990 年水平。2000~2010 年东北黑土区森林面积从 4619 万 hm^2 增加到 4643 万 hm^2，扭转了 1990~2000 年森林面积减少的趋势。2010~2020 年森林面积持续增加 10 万 hm^2，但仍然没有恢复到 1990 年时森林的面积。第三，湿地面积持续减少，但下降速度减缓。2000~2010 年湿地面积从 801 万 hm^2 减少到 766 万 hm^2。2010~2020 年湿地面积持续减少，但减少速率仅为 2000~2010 年的 50%，湿地面积减少区主要分布在黑龙江省三江平原和松嫩平原地区。第四，草地面积下降速度加快。2000~2010 年草地面积从 1432 万 hm^2 减少到 1417 万 hm^2，2010~2020 年草地面积持续减少 19 万 hm^2。草地减少面积主要分布在内蒙古自治区东部的呼伦贝尔和黑龙江省西部的松嫩平原区域。

土地退化问题受到联合国高度关注。2015 年《联合国防治荒漠化公约》（UNCCD）第 12 次缔约方会议通过了土地退化零增长（Land Degradation

Neutrality，LDN）定义，并将其纳入 2030 年可持续发展目标（SDGs）。2017 年 9 月，缔约方会议第十三届会议强调了"零增长"具体目标设定和执行进程对《联合国防治荒漠化公约》的重要性；基于《联合国防治荒漠化公约》的框架体系与地球大数据，2019 年，中国科学院地球大数据科学工程专项 SDG 工作组率先开展了全球一致、空间可比的国别尺度土地退化零增长基准及进展的监测评估工作，并形成了《地球大数据支撑可持续发展目标报告（2020）》。该报告指出，在看到土地退化零增长积极进展的同时，尚需认识到中国土地退化面临形势仍较为严峻。而在中国东北黑土区，因不合理的高强度开发利用，出现了黑土层变薄、土壤压实板结、有机质衰减和土壤有机污染等比较严重的退化问题。

一、黑土地土层呈现变薄趋势

黑土地是我国极具价值的土地资源之一，然而，根据水利部水土流失动态监测结果的最新数据，黑土区的部分地区黑土层厚度呈现明显减薄趋势。具体而言，这些地区的黑土层厚度已从 20 世纪 50 年代的 60~80cm 减少至当前的 20~40cm。东北黑土区作为我国农业生产的关键地区，侵蚀沟年均导致粮食损失超过 280 万 t，这意味着黑土地的变薄不仅影响土壤质量，还对粮食生产造成了直接损害。

为了应对黑土地变薄的挑战，科研机构采取了不同的土壤管理策略。根据中国科学院海伦农业生态实验站的监测数据，15 年的化肥+秸秆还田、施用化肥及不施肥处理三种不同施肥措施的比较研究结果显示，与起始土壤相比，化肥+秸秆还田处理后土壤有机碳增加了 14.2%，而不施肥处理的土壤有机碳含量则减少了 3.4%。这表明采用适当的土壤管理措施可以在一定程度上缓解黑土地的减薄问题，同时提高土壤的有机碳含量，有望为黑土地的可持续利用提供有效的途径。黑土地的减薄趋势对我国的农业和生态环境带来了显著影响。深入了解黑土地变薄的驱动因素并采取有效的土壤管理措施对维护黑土地的生态功能和农业可持续性至关重要。

二、土壤压实板结问题不断凸显

在东北黑土区，大规模的机械化农业耕作方式已导致表层土壤出现严重的压实和板结问题。这一现象对土壤结构和质量产生了负面影响，对土壤生态系统和农业可持续性构成了挑战。机械化农业耕作的不当实施导致了耕作层厚度的显著减小，通常降至 15~18cm，这进一步减小了土壤的孔隙度，降低了土壤水分的有效性，使机械阻力增加。在一个世纪的黑土地开垦过程中，耕作土壤的孔隙度下降到了 51.3%，而通气孔隙的比例从最初的 22.3% 降至仅剩14.5%。机械化压实的影响导致土壤中大于 2mm 的水稳性团聚体几乎完全消失。这些团聚体在土壤中扮演着重要的角色，有助于维持土壤的通气性和水分渗透性。其消失加剧了土壤的板结现象，进一步限制了水分和氧气的渗透，影响了作物根系的生长和土壤生态系统的功能。机械化不合理耕作引发了土壤压实和板结问题，严重影响了土壤的质量和生态功能。

三、有机质衰减、肥力有所下降

黑土地作为极其肥沃的土壤类型之一，在农业领域具有重要地位。然而，近年来，黑土地土壤的有机质快速衰减，这一现象涉及多个因素，包括酸沉降和过度使用氮肥，导致土壤酸化的程度不断加剧。土壤酸化进一步引发了钙、镁、钾等阳离子流失，不仅对植物生长产生了负面影响，还使得土壤中的重金属离子得以活化。此外，广泛使用农药，如除草剂和杀虫剂，也导致土壤中农药残留增加，直接对生态系统的健康产生不利影响。除了以上因素，土壤生物区系也受到严重扰动。包括土壤有机碳减少、土壤侵蚀、土壤酸化和盐渍化，以及土壤污染等，这些扰动过程直接导致土壤生物区系的变化，对土壤养分的周转和有毒有害物质的生物有效性产生直接影响。为了有效应对黑土地土壤退化问题，迫切需要深入研究黑土地土壤退化的过程、格局演化，以及驱动这一现象的机制，为制定有效的土壤保护策略提供基础理论支持，以确保黑土地的可持续利用，从而维护农业生产的可持续性，并保护生态系统的健康。

第二节　黑土地退化的主要成因

一、全球变暖对黑土地的影响

东北黑土地地处中高纬度，粮食生产对气候变化响应敏感。1960～2020年，东北黑土区平均每10年增温0.34℃，降水量年际变化也呈现增加趋势。中国科学院沈阳生态实验站监测数据显示，2006～2020年沈阳站区气温与地温（地下10cm）均呈现上升趋势，且地温增长幅度更大。回归模型分析显示15年间气温增加了0.97℃，而地温增加了2.46℃（图8-1）。中国科学院大安碱地生态试验站监测数据显示，2005～2020年大安碱地生态实验站地区年平均气温呈现上升趋势，最高年平均气温（2019年）比最低（2005年）高3℃。气候变暖导致微生物活性增强，土壤有机质的微生物分解加快，有机质的含量下降造成地力下降。

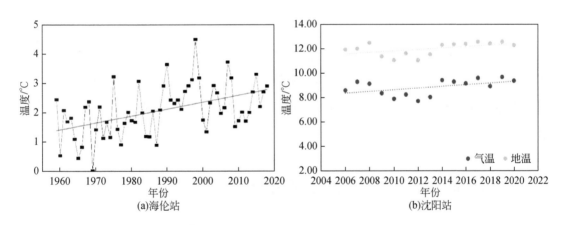

图8-1　中国科学院海伦站和沈阳站历史年平均气温和地表温度变化

二、不合理的高强度开发利用

高强度的开发和利用通常伴随着土地的大规模翻耕和植被破坏。这导致了土壤表面的暴露，增加了风蚀、水蚀和冻融等自然侵蚀过程中的土壤脆弱性。

侵蚀过程会带走土壤中的养分和有机质，导致土壤退化。其一，不合理的开发方式可能导致土壤的压实和板结。机械化农业和大规模农田基建会增加土壤的密实度，降低土壤孔隙度，从而减少土壤通气性和渗透性。这会影响根系生长和水分渗透，导致土壤贫瘠和干燥。其二，不合理的开发方式通常涉及清除植被、施用化肥和农药，以及过度的单一作物种植。这些实践降低了土壤中的有机质含量，因为有机质通常来自植物残渣和有机肥料的分解。有机质对土壤肥力和水分保持至关重要，减少有机质会导致土壤贫瘠。其三，高强度开发利用往往伴随着化学品的过度使用，如农药和化肥。这些化学品可能渗入土壤中，导致土壤有机污染，进一步破坏土壤的生态平衡和质量。其四，不合理的开发可能导致土壤结构的破坏，包括土壤颗粒的破碎和混乱。这会导致土壤孔隙度的不均匀分布，影响根系生长、水分滞留和气体交换。其五，高强度的开发和农业活动会增加土壤的持续耕作压力，这意味着土地没有足够的时间来恢复和再生。这会导致土壤中的养分逐渐枯竭，土壤质量下降。水利部水土流失动态监测结果显示，东北黑土区的一些地区，黑土层的厚度已从 20 世纪 50 年代的 $60 \sim 80cm$ 下降到目前的 $20 \sim 40cm$。比较 1970 年和 1990 年，东北黑土地的耕地平均有机质含量下降了 $2 \sim 3$ 个百分点。开垦前，自然表层黑土的有机物含量平均为 $30 \sim 60g/kg$，而如今，黑土地中的有机质含量基本在 $15 \sim 30g/kg$。这些现象凸显了不合理的高强度开发利用对东北黑土区土壤资源的长期破坏，这不仅对农业产出构成了直接威胁，还对生态系统和可持续发展产生了严重影响。

三、农药残留、酸沉降和氮肥过量使用

化肥的大量施用已经成为了我国农业生产的常态，我国年化肥用量是全世界化肥总消耗量的 33% 以上；氮肥利用效率只有 30% 左右，不到西方发达国家的 50%。亟待通过精准的施肥方式，结合高效的有机肥产品，提高作物养分利用率。农田土壤中大量使用氮肥导致了土壤酸化的严重问题。酸性土壤条件进一步导致了钙、镁、钾等阳离子的流失，限制了植物的生长，并使土壤中的重金属离子活化。同时，大规模使用除草剂和杀虫剂等化学药品，导致土壤中农药残留物积累，对生态系统的健康产生了直接的不良影响。农田土壤中的

生物区系也因多种原因遭受了严重干扰，包括土壤有机碳的减少、土壤侵蚀、土壤酸化、盐渍化和土壤污染等。这些因素对土壤养分的循环以及有毒有害物质的生物有效性产生了直接影响。因此，需要进一步开展黑土地土壤退化过程、格局演化、驱动机制研究，为阻控黑土地退化和利用好黑土地提供基础理论与科技支撑。

四、水土资源不协调问题

气候变暖加剧了黑土区水土资源的不协调。气候变暖背景下干旱灾害发生频次增加，土地干旱面积也在增加；同时，部分年份降水激增，黑土由于质地黏重，排水状况差，极易形成内涝。气候变化可能使冻土南界不断北移，导致湿地土壤变化，使大量储存在泥炭沼泽中的碳源不断释放，影响大气中 CO_2 和 CH_4 的含量，进一步加剧气候变暖。随着未来全球气候逐渐变暖，黑土区玉米、大豆气候生产潜力可能会因温度升高而增加。但是，由于降水量的波动变化，温度升高带来的生产潜力增加可能被抵消甚至降低。

五、秸秆还田的技术及实际操作不成熟

黑土地作为位于高寒地区的特殊生态环境，秸秆还田在黑土地生态环境中面临着降解难度大、所需时间长的挑战，这成为该地区可持续利用的重要障碍。有效处理秸秆对保持黑土地的生态平衡至关重要。在秸秆还田中，一般将其作为基肥使用，因为其养分释放速度较慢，如果施入晚了当季作物无法充分吸收和利用。控制秸秆还田的数量也是关键，一般每亩折干草 150～250kg 为宜。在数量较多时，应采取相应的耕作措施，并增施适量的氮肥以促进分解和养分释放。此外，为确保均匀施用，秸秆应当均匀分布在田地上，以避免土壤表面高低不平，从而影响作物的生长和出苗。

在秸秆施用过程中，适量深施速效氮肥是调节碳氮比的关键步骤。禾本科作物的秸秆通常含有较高的纤维素，达到 30%～40%，还田后土壤中的碳素物质会显著增加。微生物的生长需要碳作为能源，以氮作为营养，而适宜微生物分解的有机物碳氮比为 25：1。多数秸秆的碳氮比高达 75：1，因此在秸秆还

田时，增施氮肥显得尤为重要。这不仅有助于加速秸秆的腐解，还能保证作物在苗期有更为旺盛的生长。

目前，秸秆生物处理还田技术仍未完全成熟，尤其是简便快速的方法。高效的秸秆液化技术和在高低温环境下具备原位复配能力的促生生防微生物菌群尚未成功研发。近年来，全球范围内微生物菌剂在农业生产中得到广泛应用，但在我国，其施用比例仅为总肥料用量的 2% 左右，与发达的欧美国家相比仍有差距。尽管微生物菌剂在农业中有广泛的应用前景，但受多种环境因素的影响，其在主流农业中大规模应用仍然受到一定的限制。因此，秸秆还田技术的进一步研究和完善，以及对微生物菌剂的应用推广，将有助于提高黑土地的可持续利用水平。

六、农机传统的资源环境信息分析技术不足

在当前大数据时代，农机传统的资源环境信息分析技术及其相关产品与服务能力显示出无法满足高精度黑土资源环境信息的综合应用需求的问题。我国已初步构建了一个基于高分系列卫星的对地观测网络，这为国土、资源、环境、城市发展等领域提供了丰富的监测信息。然而，目前已有的卫星遥感系统设计主要专注于地表覆盖信息（特别是植被信息）的提取，且受到传感器谱段设计、空间分辨率以及卫星重访周期等因素的制约。这导致在土壤质地监测、土壤侵蚀信息提取等方面存在着相当大的挑战，难以满足黑土资源高效利用和保护的实际应用需求。与国际农机强国相比，我国的农机装备整体水平尚存在显著差距。这一差距不仅涉及技术方面的挑战，还包括相关资源和环境信息的分析技术与产品服务能力的不足。因此，我们需要加强农机装备技术的研发和升级，以满足当下高度复杂且多样化的农业需求，特别是在黑土地等关键农业生产领域，同时提高资源环境信息的综合分析能力，以更好地实现对黑土资源的高效利用和可持续保护。

第三节　黑土地退化问题的应对策略

一、构建黑土地科技创新基础科技平台，提升科技支撑能力

科技创新基础科技平台是黑土地保护与利用的坚实基础。重点任务包括面向黑土地土壤、作物、生态环境监测以及智能农业发展需求，研制黑土"通–导–遥"一体化卫星及地面支持系统。研制多时序、多类型、多平台、多分辨率、多应用目标的黑土遥感参数数据集，集成地面物联网实时监测数据，构建"全景黑土"综合数据库，编制高分辨率黑土区全域一张图。建立完善全覆盖东北黑土区土壤类型的国家野外观测研究网络，提升黑土地长期定位观测研究能力。开展东北地区的新能源智慧农机分布式电池共享系统开发与布设示范。构建科学大数据和智能决策支持的黑土地可持续利用智能化管控系统平台。

二、建立黑土地保护与利用科技创新体系，增强区域自主创新能力

面向东北地区黑土地保护与利用关键科学技术需求，全面建立科技创新体系。重点围绕以下六个方面增强东北黑土区的自主创新能力。一是黑土地退化的关键过程、机制及其影响因素研究。二是黑土地退化的诊断和评价的技术方法。三是经济适用的黑土地保护与利用的关键农业技术集成及现代农业技术研发。四是自主知识产权的黑土地监测、检测技术及智能化农机关键技术体系和装备研发。五是基于遥感监测、大数据和人工智能技术等多源数据融合、参数化方案和一体化设计的黑土地管理及情景模拟技术。六是面向黑土地农业可持续发展和保障我国粮食安全的黑土地用好养好长效机制。

三、打造黑土地保护科技攻关样板，推进黑土区高质量发展

黑土地保护科技攻关是一项跨部门、跨区域、多学科的系统工程，需进一步创新合作工作机制，探索建立地方、有关部门支持的多部门协同攻关机制。

建立科研攻关、技术研发、示范推广和人才培养为一体的黑土地保护与利用研发团队，加强种质资源保护和利用、种子库建设，加强高标准农田、农田水利设施、现代智能农机装备建设。科学分类，因地制宜，综合施策，系统开展厚层黑土侵蚀阻控与产能高效技术集成与示范、碱化沙化土壤治理与产能提升示范、白浆土障碍消减与优质高效产能技术示范、薄层黑土退化修复与地力提升示范、黑土地智能化农机关键技术集成与产业化应用示范、黑土地增碳修复与绿色生产模式示范，以及黑土地产能保障长效技术体系与特色农业模式示范，为夯实保障国家粮食安全"压舱石"提供科技支撑。

四、创新保护性耕作技术，有效抑制黑土地退化

针对黑土地退化的各种问题，国内外学者提出了一系列的土壤质量提升技术。因美国 20 世纪 30 年代的"黑风暴"事件应运而生的保护性耕作是促进黑土土壤可持续利用的主要技术，也是发达国家可持续农业的主导技术之一。根据美国保护性耕作信息中心的定义，保护性耕作是指"为减少土壤侵蚀，任何能保证在播种后地表作物秸秆残茬覆盖率不低于 30% 的耕作和种植管理措施"。目前，该技术已在美国、加拿大等 70 多个国家广泛应用，应用面积达到 1.7 亿 hm^2，占世界耕地总面积的 11%。保护性耕作也存在土壤压实、秸秆残茬处理、杂草侵扰、病虫害等问题。近年来，国际上提出了一种解决该问题的方法，即"策略性耕作"（Strategic Tillage），该方法是在保护性耕作的土壤中再次进行耕作，以解决杂草侵扰等问题。

我国保护性耕作开始于 20 世纪 60 年代黑龙江省和江苏省的免耕播种小麦研究与小范围示范应用。80 年代陕西省、山西省、河北省农科院开始尝试并引入了保护性耕作技术。国内研究学者将保护性耕作定义为："以水土保持为中心，保持适量的地表覆盖物，尽量减少土壤耕作，并用秸秆覆盖地表，减少风蚀和水蚀，提高土壤肥力和抗旱能力的一项先进农业耕作技术。"目前以东北黑土地为热点区域衍生了更多的新型耕作模式，如秸秆覆盖还田免耕技术、宽窄行秸秆全覆盖还田/宽窄行留茬交替休闲种植技术、秸秆覆盖条带耕作/秸秆旋耕全量还田技术等。但是，受东北地区冷凉气候制约，秸秆覆盖还田会导致第二年春季地温回升慢、播种期延迟问题，同时还会影响耕作造成播种深度

不匀、出苗不整齐，进而影响作物产量。亟须探索种植模式与以秸秆还田为核心的保护性耕作技术相结合的措施，优化配置各类耕作资源，突破关键技术约束，改进黑土地保护性耕作技术模式。

五、制定黑土地保护与利用技术标准体系，规范保护利用发展方向

标准规范是保障黑土地保护与利用高质量发展落地实施的有力工具。应根据黑土区自然地理本底、主要作物、栽培技术等多元化特点，以"用好养好"黑土地和增加绿色优质产品供给为目标，进一步加强黑土地资源环境调查、保护与利用关键技术模式、高效模式、农田基础设施建设、配套技术设计和工程、农业技术成果转化、产业化等领域的技术规范和标准制定，科学推动黑土地保护与利用的标准化、规模化、智能化、装备化、工程化，建立省际协同常态化工作机制，为黑土地的可持续利用提供保障。

六、加强国际合作交流，参与引导全球黑土地保护与利用治理

国际合作是推进全球黑土地保护与利用的有力途径。重点领域包括设立国家科技专项，推动形成国际科学计划，通过联合国粮食及农业组织和"一带一路"国际科学组织联盟（ANSO），形成全球黑土地保护与利用的长效合作研究机制。协同构建全球黑土地关键带天–空–地一体化调查监测系统、黑土地资源环境感知系统与数据平台，开展黑土地退化的关键过程与阻控原理研究、黑土地土壤健康和保育关键技术体系研制、不同区域黑土地适宜性智能化农机关键技术和装备研制/生产模式设计、黑土地产能和质量提升的现代生物学技术体系研制、保障粮食安全和黑土地可持续利用的长效机制与管控预警系统研究、全球典型黑土地修复与保护治理示范等工作。

七、完善科技创新和保护支持政策，保障黑土地可持续利用

世界农业发展历史证明，智能农机装备能显著提高农业生产效率，智慧化管控技术方法将进一步精准助推黑土地高效利用与保护，稳定的政策保障机制

是黑土地可持续发展的根本。

智能农机装备技术应用前景广阔。国外开展农业机械智能化的研究较早，美国的卫星定位技术、英国的带有电子监测系统（EMS）的拖拉机、日本的小型智能化农机装备等已在农业生产方面得到运用，较好地提高了农业生产效率。从 2018 年开始，全球范围内逐步出现了以智能化、新能源等为特征的第三代农机体系构建的雏形。今后应重点在农机装备领域发挥"举国体制"的制度优势，从国家战略层面组织和推进新体系的建立，把农机转变为以信息技术为核心的高科技产品，实现我国农机现代装备产业跨越式发展。

进入 5G 时代，未来发展重点是开展黑土资源环境感知系统研发，构建"卫星遥感-无人机-地面物联网"天-空-地一体化多尺度立体观测网络，突破多角度、高精度、准实时的黑土资源环境信息主动获取关键技术，提升黑土资源环境大数据的深入分析与综合服务能力。

黑土地持续利用需要好的政策保障机制。2018 年中国发起成立了国际黑土联盟，其成为联合国粮食及农业组织的重要机构并举办了第一届国际黑土学术研讨会。会议主题为通过可持续的土壤管理实践和全球合作，关心和保护黑土。探索黑土资源保护性利用的长效机制已经成为当前黑土地农业发展的迫切需求。不同的垦殖阶段有着不同的土地利用和管理策略，这对于认识黑土地的土壤流失、土地退化等物理机制具有重要意义。世界粮食贸易变革和新冠疫情对中国粮食种植结构、消费结构、库存结构等产生了重要影响。中国政府实施了东北地区大豆振兴计划、耕地轮作休耕制度以及玉米大豆生产者补贴等一系列农业结构调整政策。但如何应对全球气候变化、国际贸易变革并进行黑土区粮食安全模式的探索，是值得进一步深入研究的工作，也是真正破解黑土地长期保护、粮食持续稳产高产、农民增收、乡村振兴过程中的重大技术难题的关键步骤。这将为形成可推广、可复制的技术方案和应用模式，巩固好东北"黑土粮仓"，实现东北乡村振兴提供重要机制保障。2019 年以中国科学院东北地理与农业生态研究所为依托单位的"世界黑土联合会"（World Mollisols Association）成功入选"一带一路"国际科学组织联盟专题联盟，这将有利于促进共建"一带一路"国家资源环境和农业的发展，对保护珍贵黑土资源、实现世界黑土区农业绿色可持续发展具有现实意义和长远战略意义。

第九章 "黑土粮仓"科技会战主要进展

2021 年，中国科学院启动"黑土粮仓"科技会战，联合黑龙江省、吉林省、辽宁省、内蒙古自治区三省一区，同步推进专项实施、平台建设和人才引进。"黑土地保护与利用科技创新工程"战略性先导科技专项（A类），通过科技攻关与示范区建设相结合的方式，针对黑土地"变薄、变硬、变瘦"问题开展"监测评估、机理揭示、技术研发、模式构建"研究，系统调查黑土地土壤资源现状，建立土壤资源清单；揭示黑土退化与阻控机理，突破黑土地健康保育与产能提升技术；研发智能农业关键技术和装备，构建天–空–地一体化多维度全要素黑土地数据信息监测系统，建立智能化管控系统与决策支持平台；建立黑土地保护性利用长效机制，形成适用于不同黑土地类型及地方需求的现代农业发展模式，在吉林省、黑龙江省、辽宁省和内蒙古自治区建设 7 个万亩核心示范区，开展技术模式区域综合示范。

第一节 黑土地保护科技创新重要进展

一、建立了黑土地智能管控系统

完成了天基黑土资源环境监测需求分析、天基探测载荷核心技术突破，对标现有卫星系统，开展了大幅宽、高分辨率、高光谱探测载荷技术研究和高精度定标技术研究；空基方面，进行了无人机无人值守方舱研发，长续航高精度无人机组网控制系统研发，全谱段机载高光谱载荷研发；近地表监测系统方面，围绕伽马能谱探测仪和主动探地雷达两类新系统展开核心部组件研制。

在数据采集与应用方面，结合现有天–空–地系统进行了黑土区本底调查，完成核心示范地块 1500 多个土壤样本采集与分析。结合哨兵–2、Landsat-8、

MODIS 等卫星数据，初步完成了黑土全域有机质、全氮 1：5 万制图，2000～2020 年黑土区作物种植结构变化空间分布制图，以及部分区域的土壤分类制图。通过人工智能算法提升了多要素反演精度，在黑土区核心示范区地块以及辐射区，土壤有机质反演模型可信度达到 83%，均方根误差为 5.2g/kg。此外，进行了遥感监测数据交互系统建设，基于 Opena PI、云主机、并行计算等技术，实现农情卫星遥感产品生产周期从 7 天减少为 12 小时。

二、突破了黑土地保护关键技术

针对黑土地土壤"变薄、变瘦、变硬"等问题，揭示了退化机制，突破了黑土地退化防治的关键技术。

针对黑土地"变薄"问题，总结了典型黑土区侵蚀沟现状特征及其危害性，初步阐明了侵蚀沟沟头、沟岸侵蚀特征，明确了厚层黑土区不同坡型、坡面侵蚀过程机制。

针对黑土地"变瘦"问题，探明了肥沃耕层肥力形成机制，阐明了保护性耕作增碳固氮的生物机制，揭示了秸秆原位腐解的限制性因素，研发了基于微生物酶制剂的秸秆腐解促进剂，推动了秸秆由田间自然缓慢腐解向人为调控快速腐解的转变，发现厚壁组织和维管束的降解是秸秆原位还田的限制因素，为降解菌和降解酶的筛选及人工设计提供了依据。

针对黑土地"变硬"问题，研究了免耕改善土壤结构和消减犁底层紧实的机制。分析结果显示，长期垄作导致耕层之下（20cm 左右）形成了犁底层，土壤容重变化范围在 1.51～1.58g/cm³；长期免耕处理则表现出相对较低的土壤容重，变化范围在 1.41～1.44g/cm³。

三、将高新技术用于黑土地保护与利用实践

优质水稻分子育种技术试验获得成功。在国内率先创建了高能重离子束辐照粳稻"少而精"诱变育种技术，开辟了一条新的高效水稻育种途径。应用该技术相继培育出水稻新品种'东稻 122''东稻 211''东稻 275''东稻 812''东稻 862'，并通过了吉林省农作物品种审定委员会审定。2021 年 10 月

在苏打盐碱典型稻区——大安市叉干镇,'东稻122'实收测产平均产量为632kg/亩,比当地主推品种增产10.6%。

突破了大豆分子设计育种技术应用瓶颈。分子设计选育的大豆品种陆续问世,并成功选育出耐盐碱大豆品种。近年来,利用分子设计育种平台培育高产、高油酸、高油和抗盐碱品种共计14个,2021年审定的'东生118'在轻中度盐碱地种植300亩,亩产240.85kg,较当地主栽品种增产36.4%,被列为"国家大豆科技自强行动"吉林省主推耐盐碱品种。目前,该品种已在示范区周边推广5万亩。'东生37'大豆品种,配套小垄密植栽培、叶面肥配施、肥沃耕层构建等技术,在第三积温带396亩示范地块实收产量达到了253.13kg/亩,创造相同水热条件下大豆产量新高。

完成智能农机与装备样机试制与试验调试。2021年,组织研发团队完成200马力新能源无人驾驶拖拉机首台样机试制和下线调试。样机根据第三代智能农机技术体系定义进行设计,整车电控系统具备电控转向、电控刹车、电控换挡、电控四驱以及监控车辆运行状态并采集记录信息等功能,预留多机协同通信接口,无人驾驶系统定位导航精度≤2.5cm。同时,还研制了拖拉机、免耕播种机、联合整地机等6款符合黑土地保护需求的清洁能源智能化无人驾驶农机成套装备。

第二节　黑土地保护技术重大应用示范

中国科学院"黑土粮仓"科技会战,针对不同类型区黑土地退化问题,兼顾地形地貌、水热条件、种植制度等,在东北黑土区建设了7个示范区(图9-1),将"用好养好"黑土地关键技术在示范区集成并示范,向周边地区辐射推广。

一、厚层黑土保育与产能高效提升海伦示范区

海伦示范区位于松嫩平原腹地的海伦市,核心示范区建设面积1.2万亩,辐射松嫩平原中北部32个县(市、区)。示范区针对松嫩平原中北部中厚层黑土区气候冷凉和水土流失等限制粮食产能增效的突出问题,研究集成厚层黑土

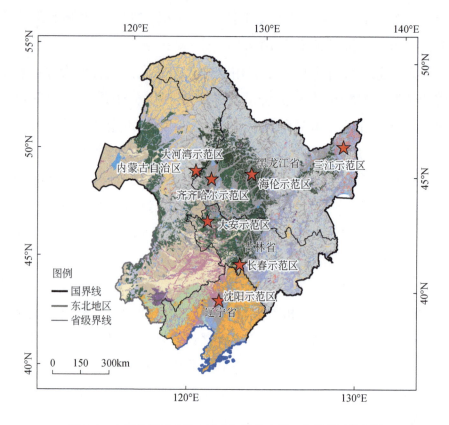

图 9-1 中国科学院"黑土粮仓"科技会战 7 个示范区分布图

保育与粮食产能协同增效的系统解决方案并示范推广。示范区内土地集中连片，适于大机械作业和规模化生产，作物以玉米、水稻和大豆为主，是全国重要优质商品粮生产基地。

2021 年示范区主推有机物料深混还田肥沃耕层构建技术，该技术能够打破犁底层、增加耕作层厚度，实现有机物料全耕层补给，有效提高黑土层中养分和水分库容（图 9-2）。2021 年度该技术模式在哈尔滨市、绥化市和黑河市等地推广应用 1620 万亩，实现了土壤耕作层厚度增加 12cm，耕层土壤有机质保持稳定，作物产量提高了 10.2% 的效果。"龙江模式"被写入《国家黑土地保护工程实施方案（2021—2025 年)》。坡耕地区域黑土地保护以变地表径流为地下导排、消除或削弱水的冲刷确保不再形成新的侵蚀沟为核心，开展侵蚀沟修复技术集成，在绥化市修复侵蚀沟 35 条（图 9-3）。秸秆填埋侵蚀沟复垦技术入选了 2021 年度水利部成熟成果推广清单。

(a)

(b)

图 9-2 黑土地保护利用"龙江模式"关键作业环节

(a)

(b)

图 9-3　黑土地秸秆填埋侵蚀沟复垦技术

二、薄层退化黑土保育与粮食产能提升长春示范区

长春示范区核心区位于吉林省梨树县、农安县、公主岭市和东辽县，示范建设面积2.3万亩，辐射吉林省玉米种植区。示范区针对土壤耕层变薄、有机质含量下降等退化问题，组装集成保护性耕作、秸秆还田、生态修复、种养循环等关键技术，在吉林省玉米产区示范推广，打造以薄层退化黑土区地力提升、粮食稳产高产、农业可持续发展三大技术体系为核心的农业创新发展模式。示范区辐射推广范围包括吉林省玉米产区。

2021年示范区主推保护性耕作"梨树模式"四大主体技术体系，即秸秆覆盖宽窄行免耕技术、秸秆覆盖垄作少免耕技术、秸秆覆盖宽窄行条耕技术、秸秆覆盖少免耕滴灌技术（图9-4）。通过技术应用示范，示范区土壤抗旱保水性增强，典型地块耕层厚度和土壤有机质保持稳定，梨树县高家村多年秸秆全量覆盖还田地块创造了连续4年超吨粮的纪录，在双辽、东丰、舒兰等县（市）示范玉米增产达6%～10%。相关技术适宜于干旱半干旱、风蚀严重、土壤有机质含量低、黑土层薄的区域。作为东北四省区适宜区域主推的耕作方式，2021年吉林省实施保护性耕作超过2800万亩，发挥了很好的示范带动作

(a)

(b)

(c)

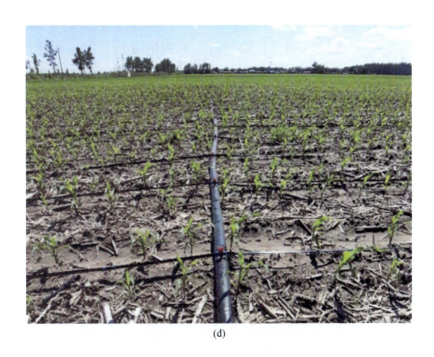

(d)

图 9-4　秸秆覆盖宽窄行条耕与秸秆覆盖少免耕滴灌技术

用，梨树县、双辽市成为保护性耕作的典型示范县（市）。

三、智能化农机关键技术集成与产业化应用大河湾示范区

大河湾示范区位于内蒙古自治区呼伦贝尔市扎兰屯市大河湾农场，核心示范区建设面积 3 万亩，辐射大兴安岭东南麓地区。示范区针对大兴安岭东南麓地区黑土土层薄、低温冷凉、春旱秋涝、风蚀水蚀严重等退化问题，集成智能农机、无人化作业及保护性耕作等技术，探索构建以"数字化决策+智能化精准执行+针对性保护性耕作"为核心的黑土地保护"大河湾模式"，创制黑土地智能农机精准作业应用系统，将大河湾打造成黑土地保护与产业融合发展的现代化农业示范标杆与典范。

2021 年示范区将信息技术、智能装备技术与传统种植业充分融合，初步构建了"种植前地块级精准体检—种植中全程数字化信息采集—专家系统实时处方分析—机械化智能化精准执行"的现代农业新范式。开发出了土壤养分、墒情、长势等一系列算法和模型库，反演出大河湾 16.8 万亩耕地、251 个地块

三大类 15 小类的数据，并根据相关标准进行了地块评分与等级划分；基于人工智能等技术建立了作物识别、长势分析、病虫情分析等算法模型库，并建立了专家决策系统，可实现地块级农事的实时数据收集与农事建议指导；改造农场传统柴油动力农机 1000 余台，实现农机位置跟踪、计亩统计、油耗监测、深耕深松监测等功能（图 9-5），改造后的农机整体作业效率提升 5% 以上，全年完成作业面积 140 余万亩；基于自主研发的清洁能源全程无人驾驶智能农机"鸿鹄"T30 和"鸿鹄"T150，结合条耕机、免耕播种机等保护性耕作农机具进行了无人作业示范，无人化示范区域内亩均人工减少 60% 以上（图 9-6）。"大河湾模式"对大河湾农场现有的生产、管理、决策体系做出了全面的提升，大大提高了农场工作效率。

图 9-5　传统柴油动力农机智能化改造

四、盐碱地生态治理与高效利用大安示范区

大安示范区坐落在吉林省西部的白城和松原地区，核心示范区建设面积 2.4 万亩，辐射吉林省西部和内蒙古自治区东部的苏打盐碱地集中分布区。该

图9-6 清洁能源全程无人驾驶智能农机"鸿鹄"T150作业实景

区域是黑土区重要的商品粮基地、畜产品生产基地和黑土带的重要生态屏障区，同时也是黑土区增产潜力最大区域。示范区重点针对盐碱地高效利用问题，打造盐碱地以稻治碱改土增粮模式、盐碱旱田改良及其高效利用模式、盐碱草地生产力提升与生态屏障构建模式、盐碱湿地资源利用与生态功能提升模式。

2021年示范区集成酸性磷石膏施用、覆沙压碱、有机物料还田等关键技术，消减降低土壤盐碱障碍，培肥地力，取得明显成效。以稻治碱改土增粮模式应用示范，重度盐碱地水稻产量达417.0kg/亩，而对照仅为65.4kg/亩；轻度盐碱地水田水稻实现625.6kg/亩的高产。耐盐碱粳稻新品种'东稻122'入选2021年吉林省农业主导品种，'东稻862'获得全国优良食味粳稻品评一等奖。同时，盐碱地以稻治碱改土增粮关键技术等4项技术被列入吉林省农业主推技术。此外，重度盐碱地旱田玉米产量达到338~428kg/亩，土壤pH平均下降0.5个单位。喷淋洗盐+"小麦–燕麦草"一年两季创新种植模式，两季作物累计经济效益较传统玉米和杂粮杂豆提高35%~40%，该模式2021年已在吉林省西部风沙盐碱地辐射示范近万亩（图9-7）。以上相关技术模式已在吉林省西部推广300余万亩。

图 9-7　喷淋洗盐+"小麦-燕麦草"一年两季创新种植模式

五、水稻土和白浆土质量与产能提升三江示范区

三江示范区位于三江平原腹地，核心示范区建设面积 2 万亩，辐射整个三江平原。示范区针对三江平原地下水位季节性下降、土壤障碍严重、低温冷凉、种肥药水投入粗放等问题，通过建立天-空-地多要素立体监测与智能感知技术体系，集成示范水土资源高效利用、白浆土障碍消减、寒地粳稻抗逆丰产增效、黑土地保护与智慧农业融合发展等关键技术，为三江平原土壤质量与产能提升提供系统解决方案。

2021 年示范推广了水田高效节水灌溉、白浆土机械改土、基质板育秧、秸秆快速腐解、变量施肥、坡耕地等高种植等 10 余项关键技术（图 9-8）。白浆土机械改土技术以物理手段打破障碍白浆层，破除作物生长物理障碍因子。过去 5 年，在八五三农场、宝清县、抚远市、同江市和八五四农场等地旱田推广面积累计约 10 万亩，实现增产 10%。变量施肥技术体系包括田块尺度时空大数据获取、基于人工智能算法的精准管理分区与处方图生成、变量施肥农机与智能管控平台小程序（APP）等全链条技术流程。过去 3 年，在佳木斯市、双鸭山市、北大荒集团东部 4 个分公司的 10 个农场及合作社，累计推广 200 万亩，实现减肥增产 5% ~ 15%。

(a)

(b)

(c)

(d)

图 9-8　白浆土机械改土与绿色增产增效技术

六、退化黑土地地力恢复与产能提升沈阳示范区

沈阳示范区位于辽河平原，分别在辽宁省昌图县、阜新蒙古族自治县和沈阳市沈北新区建立示范基地，核心示范区面积2.5万亩，辐射辽宁省全境。示范区针对黑土地南部土壤瘠薄、用养失调和水肥矛盾突出等问题，发展绿色生态循环农业技术体系，通过示范推广旱地土壤保育和产能提升模式、风蚀阻控与节水高效农业模式和稻作农业标准化种植与提质增效模式，打造辽宁省现代农业样板。

2021年示范区主推的玉米秸秆覆盖保护性耕作技术，通过集成覆盖免耕、配方施肥、病虫防治等关键技术，实现秸秆资源有效利用与土壤生产和生态功能提升（图9-9）。2021年该技术在铁岭、阜新和朝阳等地累计推广305万亩。通过应用该技术，昌图核心示范区蓄水量增加10%，肥料减施16%，作业成本降低8%，玉米平均增产50kg/亩。阜蒙核心示范区秸秆覆盖遏制了40%土壤风蚀量。沈北核心示范区开展的水稻机插秧同步侧深施肥技术，将肥料带状施于水稻根侧3～5cm土壤中，实现了精准定量、靶向施用，达到减肥增效目标，该技术被列为辽宁省2021年主推技术。该技术在沈北核心示范区应用后，

(a)

(b)

(c)

(d)

图9-9 玉米秸秆覆盖保护性耕作技术现场图

土壤速效养分提升10%，作物增产5%，肥料减施10%。

七、黑土粮仓全域定制齐齐哈尔示范区

齐齐哈尔示范区位于黑龙江省松嫩平原腹地，核心示范区建设面积10万亩，辐射整个齐齐哈尔市。示范区针对黑土退化类型多样、障碍性因子多、农业效益不高等问题，组装集成农艺农技、装置装备以及智慧决策等关键核心技术，建立黑土地健康调控、保育增效、多源增碳、乡村振兴四大技术体系，依托"星-空-地-网"立体监测系统，构建大数据与人工智能驱动的全域定制平台，创制"分区施策、依村定策、一地一策"黑土粮仓全域定制决策系统，形成用好养好管好黑土地的中国科学院全域定制模式，为我国黑土地保护与利用提供可复制、可推广系统解决方案。

2021年示范区集成示范次表土层保护性快速增碳、绿色农业种植管理、两免一深松、种养循环、秸秆还田、减肥减药及粮饲间作等10余项技术。次表土层保护性快速增碳技术利用自主研发的保护性有机肥深施机，在免耕措施下将有机肥（含水量≤50%）定向施入薄层黑土底层与沙（黄）土接触界面

处，建立"海绵层"，促进黑土层向深层快速增厚，有效提高薄层黑土保水性，可快速提升冷凉区风沙薄层黑土次表土层土壤有机质 0.3g/kg，产量提升 30~50kg/亩，土壤含水量提升 20%（图 9-10）。两免一深松保护性耕作技术集成秋季深松、春季秸秆二次粉碎、秸秆覆盖免耕播种、苗期分层浅松技术，第一年秋季玉米收获后不进行土壤耕作，玉米秸秆地表覆盖还田，翌年春季采取免耕播种；第二年秋季玉米收获后进行秸秆粉碎覆盖还田，翌年春季采取免耕播种；第三年秋季玉米收获后实施深松作业，玉米秸秆覆盖还田，翌年春季采取免耕播种；第四年开始新一轮的轮耕周期，三年一轮，不改变耕层结构，利用隔两年深松技术，打破犁底层，降低土壤容重，改善团粒结构，土壤含水量增加 2%~4%，容重降低 0.1~0.15g/cm³，当季秸秆腐解率 75% 以上。上述技术 2021 年累计应用推广 390 万亩。

图 9-10　次表土层保护性快速增碳技术示意图

主要参考文献

敖曼, 张旭东, 关义新. 2021. 东北黑土保护性耕作技术的研究与实践. 中国科学院院刊, 36 (10): 1203-1215.

窦森. 2016. 黑土地保护与秸秆富集深还. 吉林农业大学学报, 38 (5): 511-516.

高崇升, 王建国. 2011. 黑土农田土壤有机碳演变研究进展. 中国生态农业学报, 19 (6): 1468-1474.

龚子同, 张甘霖, 陈志诚, 等. 2007. 土壤发生与系统分类. 北京: 科学出版社.

国家林业局. 2019. 中国森林资源报告——第八次全国森林资源清查. 北京: 中国林业出版社.

国家统计局. 2006. 中国统计年鉴 2006. 北京: 中国统计出版社.

国家统计局. 2011. 中国统计年鉴 2011. 北京: 中国统计出版社.

国家统计局. 2016. 中国统计年鉴 2016. 北京: 中国统计出版社.

国家统计局. 2020. 中国统计年鉴 2020. 北京: 中国统计出版社.

国家统计局. 2021. 中国统计年鉴 2021. 北京: 中国统计出版社.

国家统计局. 2022a. 中国统计年鉴 2022. 北京: 中国统计出版社.

国家统计局. 2022b. 中国农村统计年鉴 2022. 北京: 中国统计出版社.

国家统计局. 2023. 2023 中国统计摘要. 北京: 中国统计出版社.

国家统计局内蒙古调查总队. 2012. 内蒙古经济社会调查年鉴2011. 北京: 中国统计出版社.

国家统计局内蒙古调查总队. 2016. 内蒙古调查年鉴2016. 北京: 中国统计出版社.

国家统计局内蒙古调查总队. 2020. 内蒙古调查年鉴2020. 北京: 中国统计出版社.

国家统计局农村社会经济调查司. 2021. 中国农村统计年鉴2021. 北京: 中国统计出版社.

国务院第三次全国农业普查领导小组办公室, 国家统计局. 2019. 中国第三次全国农业普查综合资料. 北京: 中国统计
    出版社.

韩茂莉. 2021. 历史时期东北地区农业开发与人口迁移. 中国园林, 37 (10): 6-10.

韩晓增, 李娜. 2018. 中国东北黑土地研究进展与展望. 地理科学, 38 (7): 1032-1041.

韩晓增, 邹文秀. 2021. 东北黑土地保护利用研究足迹与科技研发展望. 土壤学报, 58 (6): 1341-1358.

黑龙江省统计局. 2021. 黑龙江统计年鉴 2021. 北京: 中国统计出版社.

黑龙江省统计局. 2022. 黑龙江统计年鉴 2022. 北京: 中国统计出版社.

黑龙江省土壤普查办公室. 1992. 黑龙江土壤. 北京: 中国农业出版社.

黄昌勇, 徐建明. 2016. 土壤学. 三版. 北京: 中国农业出版社.

吉林省地方志编撰委员会. 1993. 吉林省志. 农业志. 长春: 吉林人民出版社.

吉林省统计局. 2021. 吉林统计年鉴 2021. 北京: 中国统计出版社.

吉林省统计局. 2022. 吉林统计年鉴 2022. 北京: 中国统计出版社.

景兰舒. 2018. 变化环境下密西西比河流域水资源演变规律分析. 邯郸: 河北工程大学.

李琦珂, 王思明. 2012. 中国东北人地关系历史变迁及其规律研究——以农业开发的历史考察为中心. 社会科学战线,
    (11): 78-90.

联合国粮食及农业组织. 2022. 全球黑土报告. 罗马: 联合国粮食及农业组织.

梁爱珍, 张晓平, 杨学明, 等. 2008. 东北黑土有机碳的分布及其损失量研究. 土壤通报, 39 (3): 533-538.

辽宁省地方志编撰委员会. 2000. 辽宁省志. 粮食志. 沈阳: 辽宁大学出版社.

辽宁省地方志编撰委员会. 2003. 辽宁省志. 农业志. 沈阳: 辽宁民族出版社.

辽宁省统计局. 2021. 辽宁统计年鉴 2021. 北京: 中国统计出版社.

辽宁省统计局. 2022. 辽宁统计年鉴 2022. 北京: 中国统计出版社.

刘宝元, 阎百兴, 沈波, 等. 2008. 东北黑土区农地水土流失现状与综合治理对策. 中国水土保持科学, 6 (1): 1-8.

刘春梅, 张之一. 2006. 我国东北地区黑土分布范围和面积的探讨. 黑龙江农业科学, (2): 23-25.

刘嘉尧, 吕志祥. 2009. 美国土地休耕保护计划及借鉴. 商业研究, (8): 134-136.

刘景双, 于君宝, 王金达, 等. 2003. 松辽平原黑土有机碳含量时空分异规律. 地理科学, 23 (6): 668-673.

刘晓冰，等．2022．中国黑土：侵蚀、恢复、防控．北京：科学出版社．

刘晓昱．2005．黑土流失与整治．水土保持研究，12（5）：132-133．

马溶之．1957．中国土壤的地理分布规律．土壤学报，5（1）：118．

内蒙古自治区统计局．2021．内蒙古统计年鉴2021．北京：中国统计出版社．

内蒙古自治区统计局．2022．内蒙古统计年鉴2022．北京：中国统计出版社．

农业农村部政策改革司．2021．中国农村政策与改革统计年报（2020）．北京：中国农业出版社．

水利部，中国科学院，中国工程院．2010．中国水土流失防治与生态安全（东北黑土区卷）．北京：科学出版社．

威廉斯．1957．土壤学 农作学及土壤学原理．傅子祯，译．北京：高等教育出版社．

魏丹，孟凯．2017．中国东北黑土．北京：中国农业出版社．

肖红叶，刘国栋，杨泽，等．2022．东北黑土区近半世纪土地利用变化时空特征分析．物探与化探，46（5）：1037-1049．

熊毅，李庆逵．1987．中国土壤．二版．北京：科学出版社．

熊毅，李庆逵．1990．中国土壤．三版．北京：科学出版社．

于磊，张柏．2004．中国黑土退化现状与防治对策．干旱区资源与环境，18（1）：99-103．

张晓平，梁爱珍，申艳，等．2006．东北黑土水土流失特点．地理科学，26（6）：687-692．

张新荣，焦洁钰．2020．黑土形成与演化研究现状．吉林大学学报（地球科学版），50（2）：553-568．

张之一，翟瑞常，蔡德利，等．2006．黑龙江土系概述．哈尔滨：哈尔滨地图出版社．

张中美．2009．黑龙江省黑土耕地保护对策研究．乌鲁木齐：新疆农业大学．

赵玉明，程立平，梁亚红，等．2019．东北黑土区演化历程及范围界定研究．土壤通报，50（4）：765-775．

中国机械工业年鉴编辑委员会．2020．中国农业机械工业年鉴2019．北京：机械工业出版社．

中国科学院，国家林业和草原局．2018．三北防护林体系建设40年综合评价报告．北京：中国科学院，国家林业和草原局．

中国科学院林业土壤研究所．1980．中国东北土壤．北京：科学出版社．

中国科学院南京土壤研究所．1978．中国土壤．北京：科学出版社．

中国科学院南京土壤研究所．2001．中国土壤系统分类检索．三版．合肥：中国科学技术大学出版社．

朱晓勇．2017．中美黑土区水土保持工作比较研究．长春：吉林大学．

Agriculture and Agri-Food Canada. 2022. Government of Canada announces six innovative research projects through the AgriScience Program on Earth Day. https://www.canada.ca/en/agriculture-agri-food/news/2022/04/government-of-canada-announces-six-innovative-research-projects-through-the-agriscience-program-on-earth-day. html［2022-04-26］.

Duran A, Morras H, Studdert G, et al. 2011. Distribution, properties, land use, and management of Mollisols in South America. Chinese Geographical Science, 21: 511-530.

Forbes T R. 1986. The Guy Smith interviews: rationale for concepts in soil taxonomy. SMSS Technical Monograph, 11: 195-209.

Global Environment Facility. 2017. Integrated natural resources management in degraded landscapes in the forest-steppe and steppe zones of Ukraine. https://www.thegef.org/projects-operations/projects/9813［2023-08-21］.

Gong Z T, Zhang G L, Chen Z C, et al. 2007. Soil Genesis and Systematic Classification. Beijing: Science Press.

Guo Y Y, Amundson R, Gong P, et al. 2006. Quantity and spatial variability of soil carbon in the conterminous United States. Soil Science Society of America Journal, 70: 590-600.

Kravchenko Y S, Chen Q, Liu X, et al. 2016. Conservation practices and management in Ukrainian Mollisols. Journal of Agricultural Science and Technology, 18: 845-854.

Liu X B, Burras C L, Kravchenko Y S, et al. 2012. Overview of Mollisols in the world: distribution, land use, and management. Canadian Journal of Soil Science, 92: 383-402.

Ma R Z. 1957. Geographical distribution of soil in China. Journal of Soil Science, 5 (1): 118.

Padgitt M, Newton D, Penn R, et al. 2000. Production Practices for Major Crops in US Agriculture, 1990-1998. Washington D. C. : Resource Economics Division, Economic Research Service, USDA.

Shishov L L, Tonkonogov V D, Gerasimova M I, et al. 2005. New classification system of Russian soils. Eurasian Soil Science, 38 (1): 35-43.

Soil Survey Staff, Soil Taxonomy. 1999. Agriculture Handbook 436. Washington D. C. : U. S. Government Printing Office.

Soil Survey Staff, Soil Taxonomy. 2010. Keys to Soil Taxonomy. 11th ed. Washington D. C. : United States Department of Agriculture, Natural Resources Conservation Service.

Williams B P. 1957. Principles of Soil Science, Agronomy and Soil Science. Translated by Fu Z Z. Beijing: Higher Education Press.

Xiong Y, Li Q K. 1990. Chinese Soil. 3rd ed. Beijing: Science Press, 110.

Zhang Z, Sui Y. 2010. A brief introduction to Chinese Mollisols. Proceedings of the International Symposium on Soil Quality and Management of World Mollisols. Harbin: Northeast Forestry University Press.